理科読をはじめよう

理科読をはじめよう

子どものふしぎ心を育てる 12 のカギ

滝川洋二 編
Takikawa Yoji

岩波書店

はじめに

この本の出版は、二〇〇八年七月と一一月、二〇〇九年一一月に開催した三回の「科学読み物シンポジウム」(主催＝東京大学教養学部附属教養教育開発機構・NPO法人ガリレオ工房、協力＝科学読物研究会・ファラデーの本棚)が契機になっています。「科学読み物」は「子ども向け科学の本」を意味します。シンポジウムは「子どものころから科学の本を楽しもう」ということと「大人も科学の本を楽しむ社会にしよう」ということの両方を目指して開催しました。参加者は、図書館司書、教員、科学読み物関連の研究会メンバー、文庫活動で読み聞かせをしている人たち、主婦、ビジネスマン、マスコミの人、科学読み物の著者、出版社の編集者など、「科学の本を読む社会をつくらなければ」という思いを抱いてきた人たちです。全国に大勢いる、それぞれがそれぞれの場で活動してきたそのような人たちが、このシンポジウムではじめて交流し、「科学の本を読む社会をつくろう」という思いを確かめ合いました。そして、新しい動きをつくろうという機運が高まっています。それが、この本の書名にもなっている「理科読(りかどく)」運動という言葉に結実しました。

朝読(朝の読書)運動の効果もあるのでしょうが、子どもの読書率は上がってきているそうです。一方で、朝読で科学読み物を読んでいると、先生から「ちゃんとした本を読みなさい」といわれたという子の話を耳にします。朝読に取り組んでいる先生には、科学の本は読み物として認知されていないのかもしれません。「理科読」運動は、こうしたことを背景にはじまろうとしています。

わたしが科学読み物の面白さを実感するようになったのは、一九八〇年代後半のことです。新聞の子どもの本の書評欄を担当し、毎月、本を紹介しはじめたことがきっかけです。そのころは、新しく出版される科学読み物のほとんどをながめ、書評に値しそうな本をしっかり読むのが生活の一部になっていました。科学読物研究会という、今では創立四〇年を超える老舗の研究会の新刊研究会にも、毎月出席していました。このようなことを通して、あるいは科学読み物をたくさん読むことを通して、「大人の科学入門書としてもおすすめだ」と感じる本が多いことに気づきました。子ども向けに、科学の基本をていねいに紹介しているからです。多くの人は、科学の本というと、その多くが知識の紹介だと思われるでしょう。けれども、波瀾万丈の研究者の生き方、不思議な現象解明にわくわく取り組む研究者のようすが伝わってくる、読み物としても面白い本が少なくありません。

社会には、科学の本に対する相当の誤解があるようです。そこで、そういう知られていない面を紹介することが大切だと、最初は思っていました。しかし、科学読み物についてのほかの問題も見えてきました。たとえば、まちの本屋さんには、児童書の棚にも科学のジャンルの本のコーナーにも、科学読み物が見当たりません。それで、科学読み物の新刊は、年間、数十点程度しか出ていないのだと思っていました。ところが実際には、なんと二〇〇～四〇〇点も出ているというではありませんか。

せっかく新しい本が出ているのに、本屋さんに置いていなければ、子どもには届きません。たくさんの科学の本を読んだわたしには、子どもにぜひとも届けたいと思う本が少なくないのに、それらが本屋さんにもないという現実。これまでずっと不思議に思ってきた厳しい現実です。

このような現実を変えるすべを考えることを、わたしの目的の一つにして「理科教育と科学読み物研究会」という小さな集まりを発足したのは一九九三年のことでした。いまでは「ファラデーの本棚」という名称になったこの研究会は、本の評価の仕方の研究と、実際の本の評価を中心に、ほぼ二カ月に一度の例会を継続して開催しています。本を個人でなく集団で評価し、科学読み物を紹介する社会的な仕組みをつくりたいと考えてのことです。

今後、長期にわたって少子高齢化が進む日本で、みんなで新しい課題に挑戦し続けていくには、だれもが高い科学リテラシーをもつ社会にすることが大切です。テレビなどの受動的な情報を受け取るだけでなく、能動的に理解していく「本を読む文化」は個人の能力を高めます。高い科学リテラシーを身につけるには、子どもだけでなく大人も、とくに科学の本を読む文化を育てることが不可欠です。

全国に科学の本を読むことをすすめる活動を行っている人たちが大勢います。この本にはその活動が具体的に紹介されています。その活動の一つひとつが「理科読」運動です。この本からは、科学の本をどのようにして読んだらよいか、どのようにしてすすめたらよいか、さまざまなヒントを得ることができるでしょう。どうしたら理科読運動をすすめる人たちに出合えるかもわかります。

ぜひ、ご家庭で、学校で、地域で、理科読をはじめる参考にしてください。

滝川洋二

科学読み物シンポジウム講演プログラム

第1回　子どものころから科学の本を楽しもう（2008年7月5日）

本好きな子どもを育てよう　滝川洋二（東京大学特任教授・NPO法人ガリレオ工房理事長）

いい科学の本ってどんなもの？ 科学読み物この40年　小川真理子（科学読物研究会・東京工芸大学教授）

中高生のための科学の本　猿山直美（岩波書店）

高校生のための金曜特別講座から本作りへ　松田良一（東京大学教授）

小学生・小学生以下のためのはじめて出会う科学の本　森達夫（福音館書店月刊誌編集部長）

科学の本につなげる科学あそび　原田佐和子（科学読物研究会）

科学の本と子どもをつなぐ当館の取り組み　関口薫（国立国会図書館国際子ども図書館）

いい科学の本の評価の工夫に取り組んで　田中久雄（ファラデーの本棚）

科学の本の読み聞かせ　吉田のりまき・土井美香子（科学の本の読み聞かせの会「ほんとほんと」）

第2回　子どもに伝えたい！ 科学の本の楽しさ（2008年11月8日）

宇宙の広がりを伝える――科学者として，親として　海部宣男（放送大学教授・前国立天文台長）

なぜ売れないの？ 科学の本――書店現場から　土屋智子（教文館子どもの本のみせナルニア国店長）

世界天文年2009星空ブックフェア――書店・取次・出版社とのコラボレーションの試み　高田裕行（国立天文台）

子どもと本をつなぐ、いちばん近い場所――学校図書館　松尾みずほ（つくば市立二の宮小学校）・宗田敦美（つくば市立沼崎小学校）

宇宙ってどんなとこ？――科学あそびと本　坂口美佳子（科学読物研究会）

第3回　科学の本を読む文化を育てよう（2009年11月7日）

科学の本を読む文化を育てるための政策を　滝川洋二（東京大学特任教授・NPO法人ガリレオ工房理事長）

物語の本も、科学の本も　根本彰（東京大学教授）

社会的基盤としての読書　川本裕子（早稲田大学教授）

中学・高校生と科学の読物　山岸悦子（立教女学院中学校・高等学校教頭）

小学生と科学の読物　小澤恭子（日本子どもの本研究会・元小学校教諭）

子どもたちと科学の本の楽しさを、科学する喜びを　辛島泉（大分・児童文学と科学読物の会代表）

文庫活動と科学の本　福田晴代（山の木文庫・科学読物研究会）

（肩書きは当時）

理科読をはじめよう

目次

はじめに

コラム

扉イラスト・デザイン＝佐藤晶子

第1部 子どものふしぎ心に寄り添って

1　はじめてであう科学の本

森　達夫
もり　たつお
元福音館書店「かがくのとも」編集長

はじめに——幼い子どもの、頭の中

よく、幼い子どもの一時期を「かわいい盛り」といいますが、あれはいくつからいくつくらいの子のことでしょう。わたしは、自分自身も二人の子どもの子育てに携わったその経験から、また仕事がら幼児に接する機会が普通の成人男性よりは多くあったその経験から思うのですが、「かわいい盛り」というのは、二歳から五歳ころのことだと思います。理由はふたつあります。ひとつは、命をまるごと預からせてもらえることのかわいさです。抱いた腕の中で眠りに入った子どもをみると、自分に全幅の信頼で命を預けてくれているのがわかります。命という、この世でいちばん尊いものを抱かせてくれるのですから、こんなかわいさはありません。しかし、人が人の命を抱けるのはこの時期だけでなくて、その子が赤ん坊のときからそうで、大人になってからも(恋人同士ならば)ありえます。

実は、「かわいい盛り」の理由がそのうえさらにもうひとつあって、それは、二歳から五歳にかけては、心の中をまるごと見せてくれるということです。子どももひとりひとりで成長にちがいがありますが、二歳というと、片言の言葉と、身振りと表情で、自分の思いを大人に伝えられます。初対面の大人には無理ですが、日々接している親とか保育者ならば、その子の喜怒哀楽の感情から心のひだ、機微におよぶまで、読み取ることができます。

子どもたちは長ずるにしたがって語彙を、表現を、表情をより豊かにしていくのですから、ではこのあと、より上回って大人には子どもの心の中がわかるかというと、そうはなりません。子どもたちは、就学前後から次第に自分の思いが外に出ることを避けたり、それとなくちがう装いにしたり、あるときには封印したりしはじめます。それはもちろん、「遠慮」や「恥じらい」や「気負い」や「プライド」や、はたまた「プライバシー」やら、これまた成長するにあたって必要な社会的分別を身につけていくからであって、しようのないことです。ひどい場合には、十代の半ばから終わりまで、大人とは「通信不能」の時期を迎えるほどです。

以上のように考えますと、この二歳から五歳という時期は、「他者（大人）とコミュニケーションがとれて」、なおかつ「隠し立てができなくて、考えたこと思ったことをすべてしゃべってしまう」という、人の一生の中で頭の中を（つまり心の中を）包み隠さず見せてくれる希有な一時期のことなのです。「命」というこの世でいちばん尊いものを抱けて、「心」というこの世でいちばん美しいもの（幼児の、だからです。大人の「心」は、この世で一番みにくくもなります）を、あからさまに見せてくれるこの一時期のことを、わたしたちは「かわいい盛り」と言っているのだと思います。

わたしは二十数年、幼児にむけた科学絵本の編集に携わってきました。その間、できるだけ子どもたちの息づかいの聞こえるところで絵本づくりをしたいと思い、子どもたちがふともらした驚きの声や、ふしぎ発見のつぶやきを収集してきました。保育園や幼稚園を訪ねて子どもたちと遊ぶ中で聞いたそのつぶやきや、園の先生や父母からうかがったそれらは、わたしにとって、宝物のコレクションです。

そのつぶやきを、そのときのエピソードとともに、すこしご紹介します。かわいい盛りの子どもたちの頭の中が「丸みえ」なのです。

どこからが、お空なの？――「空間」と子ども

「お月さまが、いつまでもついてくるねえ。カナ(自分)のおうちに来たいのかなあ」

「だれがお月さまの電気をつけたの？」

「どうしてお星さまはひかるの？」

「星のうしろの、背中の方はどうなってるの？」

「どこからが、お空なの？　わたし、お空にさわってみたい」

「(大きな虹を見ながら)飛行機がぶつかりそうだったよ！　飛行機から見たら、どう見えるの？」

「風って、どうして吹くの？」

「ぼく、しってるよ、風って、草の、葉っぱのところでうまれるんだよ」

「どうして空気は見えないの。あ、そうか、空気が見えると、お母さんたちの顔が見えないからだね」

——まずはわたしたちが住んでいる「場」への関心です。お月さまがついてくることのおどろきは、大人にはもう麻痺してしまった感覚ですが、どの子も必ずもらす驚きのようで、たくさんの父母から、子どものこのつぶやきを聞き取りました。ガリレオの論究「遠方は動かない」を思い出させます。虹のつぶやきは、ある幼稚園でうかがった話です。子どもたちが降園したあと雨上がりの空に大きな虹がでたのを先生方が見つけ、職員室から見上げていたとき、ある若い先生が「園長先生、連絡網で子どもたちに流していいですか」と言ったそうです。「〇〇幼稚園の連絡網です。いま虹がでています。子どもにみせてやってください」とは、なんとすばらしい連絡網の使い道でしょう。その連絡網がまわった次の日の朝の子どもの言葉が、「飛行機から見たら、どう見えるの?」です。「虹のシャワーのように見えるのかなあ」と続いたそうです。

これらのつぶやきから、子どもってどんなふうに自分が住んでいる場を(空間を)認識していっているのかなと考えていたときのことです。ある保育園をお訪ねして、園児たちといっしょに近くの公園まで園外保育にでかけました。わたしと手をつないだ男の子は、いつも行くその公園への道が自分のお家の前を通るのが自慢のようで、その場所にくるとわたしに「この小さな道の奥がぼくんちなんだよ。ほら、玄関が見えるでしょ」と教えてくれました。公道から私道が入りこんでいて、その私道のL字の奥にその子の家があるのです。指さされてのぞきこむわたしに、その子は「この長靴みたいな道の奥だよ」と言いました。わたしはその子のこの説明にいたく感心しました。地上一メートルの、具象の「立面図」でしか世の中を見ていない四歳の子が、頭の中で空中にまで視点を移動して、そこから見た想像図を平面図にして、しかも抽象化して説明しようとしたのです。「L字」という言葉を知らないために「長靴」と表現して。

わたしはそれがとっても面白くて、幼児がどんなふうに空間を理解しているのかもっと知りたくて、幼稚園と小学校の先生に協力していただいて、子どもたちに絵を描いてもらいました。子どもたちの「空間認識」がどうなっているかを知るために、こんなふうに言って描いてもらったのです。

「あなたの　すんでいる　いえの　ちずを　かいてください。ちずというのは　うえから　みたえ　です」

こう言って四歳児、五歳児、小学一年生に描いてもらい、先生には横で聞き取りながら絵柄の中にメモ書きしてもらいました。こうして一クラスの園児たちの絵を見てみると、たくさんの特徴的な事柄が浮かび上がってきます。

参考に幼稚園の子どもが描いた二例を見てください（図1）。まず気づくことは、四歳から五歳にかけての子どもたちは与えられた紙一枚を「お家」に見立てるということです。普通なら（大人ならという意味ですが）一戸建てなら敷地図を書き、アパートやマンションなら平面図や間取り図から書くのでしょうが、子どもたちは、もらったその紙全体を「お家」に見立てます。そのお家の中で、「ここが玄関でね、ここがテレビを見るところ。このソファに座って見るんだよ。ここでお料理するの。

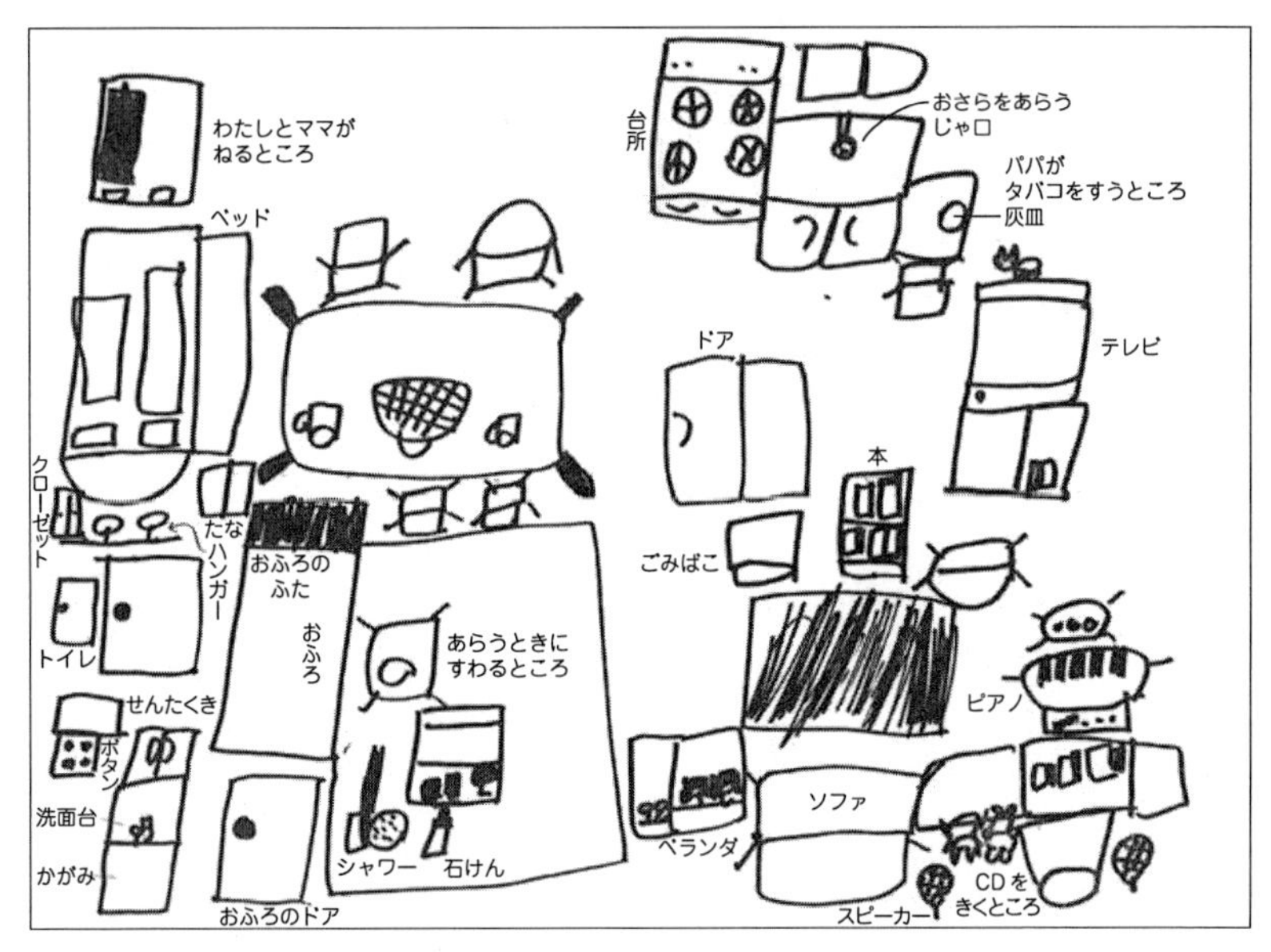

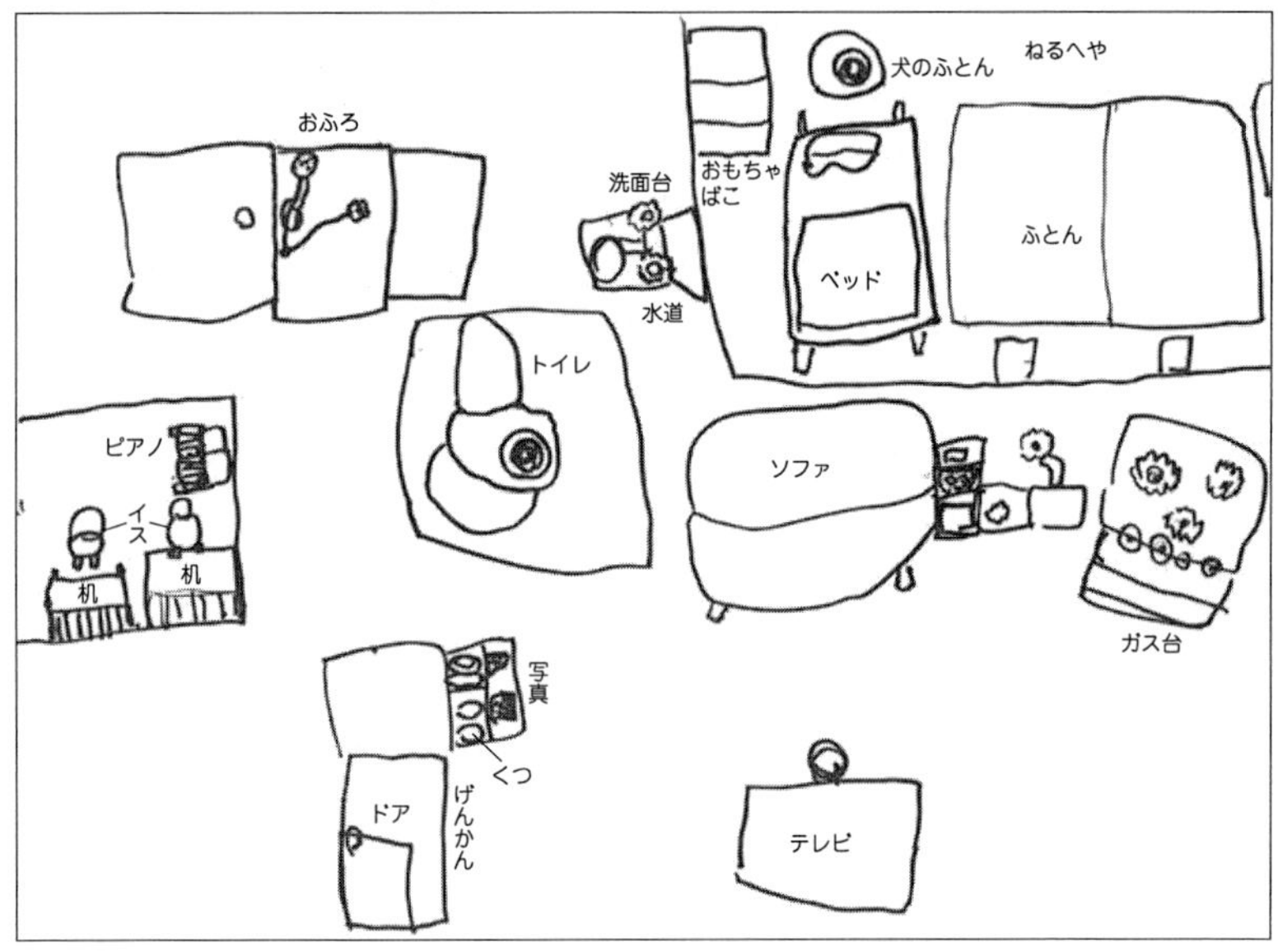

図１　ふたりの５歳の女の子が描いた「上からみた自分の家」
B4 の紙を「お家」に見立てている．

ここがトイレで、ここがお風呂。ここで寝るんだ。ジャム（犬）はここで寝るの……」と描いていきます。

共通しているのは、「敷地図」「間取り図」がないことだけではありません。お家に壁がないのです。廊下もありません。紙一枚をお家に見立てた中にテレビがあり、テーブルがあり、ベッドがあり、トイレやお風呂がある図です。かろうじてトイレとお風呂が囲われているくらい。ドア（玄関とか、風呂場やトイレの）は立面図でその内側（便器とか浴槽とか）は平面図という混在は、「壁」を描くことには思い至らなかったものの、なんとなく「結界」を表現する必要を感じてのことでしょう。

このほかに共通して見えてくる特徴を挙げますと、①自分にとって大事なもの、恩恵を与えてくれるものは必ず描きます。しかも大きく描きます。楽しいアミューズメントをもたらすテレビや、おいしいものを提供してくれる台所のレンジや、おもちゃ箱など。テレビの大きさに比べて二分の一、四分の一の大きさに描かれたピアノを見ると、その子の頭の中での位置関係（価値関係）がわかります。②大事なものを大きく描くということの反対ですが、自分にとって必要ないものは、存在しません。存在していても描きません。プライバシーなんていう概念から無縁の彼らには、空間を仕切る壁など描く必要はないのです。「廊下」も、難しい概念なんでしょうね。廊下がそれ自体のためにあることはありません。お風呂だけの家（風呂屋）やトイレだけの家（公衆便所）があるのに対して廊下だけの家がないように、廊下は無用の用といいますか、幼児にとっては描くほどのものではないようです。

こうやって子どもの絵を見ていると、子どもたちの頭の中がわかります。この世が、彼らにはこう見えているのです。その表現方法（大事なものは大きく、用のないものはあっても描かず、立面と平面の混在も気にしない）は、太古からの人類の絵のそれとまさしく同じです。

お姉ちゃんが一〇月生まれで、わたしが六月生まれって、変じゃない？——「時間」と子ども

「空間」についてふれましたから、「時間」についてもみてみましょう。「きのう」と「きょう」と「あした」と……そんな短いスパンでだけ生活している子どもたちにとって、時間はどう映っているのか、また子どものつぶやきが教えてくれます。

（家でする散髪を逃げ回った子。お母さんから「じゃあ、あしたよ。あしたはきっとよ」と約束させられました。その次の日、お母さんが「ほら、あしたって言ったでしょ」と言うと）「だから、あしたなんだよっ」

「お姉ちゃんが一〇月生まれでしょ、わたしが六月生まれでしょ。変じゃない？」

（お昼寝の後、今日と昨日が混乱して）「だって、空気には「きょう」って書いてないもん」

——散髪の話をしてくださったお母さんは、「うちの子にとっての「あした」は、「来ることのない次の日」のことなんだから」と笑っておられました。楽しみな誕生日を前にして、ふと、「お姉ちゃんがわたしよりあとの一〇月生まれなのは解せない」とつぶやいた子。これを聞いたお母さんは、しばらくはわが子が何を言っているのかわからなくて聞き捨てていて、何日か経って思い出して、この子がとんでもない勘違いをしていることに気づいたそうです。時間や日時がらせん状にすすむこと

は、日常的にほかにはない概念で、理解にとまどうようです。お昼寝から覚めた子が、朝と勘違いしたために周りから笑われて、照れ笑いしながら「空気には「きょう」って書いてない」と言ったのは、「空間」ならば場所ごとに座標軸上のポイントがふられているのに（電信柱には番地表記が貼ってあり、電車で「空間」移動すれば駅名表記があるのに）、時間にはそれがない、という指摘なのでしょう。

わたしには、時空概念の深遠な不思議を、あらためて教えられた気がしました。

ブランコも半ぶんこ？――「数量」と子ども

教えれば一〇〇まで数えられる子どもでも、本当に心身で理解できているのは、その子の年の数くらいまででしょうか。二歳の子なら「ひとつ、ふたつ、たくさん」、三歳の子なら「ひとつ、ふたつ、みっつ、たくさん」……ということです。

「どうして3の次は4なの？　ぼく、6がよかったのにな」

――これは三歳の男の子の言葉。そのお家で、お兄ちゃんは入学を前に、ランドセルを買ってもらいました。「ぼくのは？　ぼくのは？」とねだる弟に、お母さんが「あなたは三歳でしょ。六歳になったら買ってあげるから」と答えました。その日の夜に、その弟がひとりごとでつぶやいたのが、この言葉でした。数列という「ピュシス（自然の掟）」と年次という「ノモス（人間の掟）」との葛藤を、この子は乗り越えられなくて釈然とできずにいます。

「数の終わりはどこ？　一番おおきい数はなに？　終点はないの？」

──も、子どもがよく発する言葉です。そしてまた、

「四角形は角が4つ。三角形は角が3つ。マルは角がないから0角形だよね」

（デパートのエレベーターの中で、操作ボタンをみながら）「1階って、0階じゃないの？　だって、地下一階の上だもの」

「0（ゼロ）」も、それを知った子どもがよく口にする言葉です。なにもないことや始まりの起点を「0（ゼロ）」と呼ぶことは、子どもにとってとっても新鮮なことのようです。

数量にまつわる子どもの言葉からは、「ああ、こんなふうに理解を進めているのか（あるいは、こんなふうに混乱しているのか）」とわかって興味がつきないのですが、最後にひとつ、「半ぶんこ」にまつわるエピソードについてご紹介します。

遊びや生活の中で、子どもたちはよく「半ぶんこ」をします。保育園や幼稚園では積み木や折り紙を分けるときなどです。家庭では兄弟でお菓子を分けるときなどです。どうやって分けるか見ていると、四、五歳児ですと大人が「トランプ配り」する方法で分けていて、これが一番簡明な（分けやすくて公平感が目にみえる）ようです。大人と違うのは、「わたしがひとつでしょ、あなたがひとつでしょ……」と、「親（ディーラー）」が自分の「場」から配りはじめることくらいで、これもほほえましいです。数えられるものの場合はそれでいいのですが、ジュースなどの液体だと、「半ぶんこ」も難しくなり、均等であるためにはコップの水面が同じ高さにならなくてはならないこと、そのまえに、同じ形状のコップでなければならないことなどを、三歳、四歳、五歳と成長する中で知っていきます。

あるお母さんから聞いたエピソードで、「子どもの友だちがふたりきて、家の前ではしゃいで遊んでいたあと、のどが乾いたらしくて、「おかあさん、なにか飲み物ちょうだい」というので、「冷蔵庫にジョアがあるからみんなで飲みなさい」というと、三人で冷蔵庫に飛んでいったけど、そのあとシーンとしているので行ってみたら、冷蔵庫のなかにはジョアが二本だけで、その前で三人が固まっているんです。「こうすればいいじゃない」と、コップを三つだして注ぎ分けてやると、三人とも「そういう手があったのか」という顔でわたしを見ていて、わたしはもうおかしくって……」という話がありました。「余り」のあるものや「割り切れない」ものは難しいですね。分割できない「一個」のものを「半ぶんこ」するのはどうかというと、わたしは幼稚園の庭で子どもが一台のブランコを取り合っているのを見たことがあります。言い合いのあと、二人で「じゃあ、半ぶんこ」「半ぶんこ」と言って解決したので、へえ、どうやるのかなあ、二人乗りするのかなあと見ていたら、途中で交代することでした。時間も「半ぶんこ」できることを知っているのです。

ところで、「半ぶんこ」って、二分の一のことで、分数です。小学校では三年生で、色紙を二つ折りして長四角にしたのと、同じ色紙を対角線で折って三角形にしたのを並べて、「どちらが大きいですか」――から分数の授業が始まります(大部分の子が「三角形のほうが大きい!」と答えるのが愉快です)。こうして「真分数」から始まって、四年、五年と、「仮分数」「帯分数」「通分」「約分」へと進みます。「小数点」とともに、子どもたちをどんどん数学(算数)ぎらいにしていく分かれ道です。わたしは、四歳、五歳の子があんなに明確に「半ぶんこ」を理解しているのですから、もっと遊びや生活のなかで分数を理解させられないのかなあと思います。誕生会にホールケーキをみなでつくらせて、それをわいわい言いながら均等に切り分けるのはどうでしょう。いじわるして「みんなで八人だね。誕生日の子は二人分食べられるようにしよう」と提案したときの、子どもたちの解決策をみてみたいです。

おわりに——幼児は科学離れなんかしていない

科学離れが言われて久しいですが、わたしは長年子どもたちのつぶやきを聞いていて、つまり冒頭に述べた、子どもたちの丸みえの頭の中をのぞかせてもらっていて、子どもたちが今も昔も目をきらきらさせてこの世(自然界と人間界)の不思議に驚いていることを知っています。しゃがんで地面をみていたら、葉っぱが動いて、「これがきっと風の赤ちゃんなんだ。風ってここで生まれていたんだ……」には、観察から仮説へ、経験則から法則化への萌芽が、見られます。「どうして空気は見えないの。あ、そうか……」には「排中律」とか「三段論法」とかの萌芽が見られます。「0角形(ゼロ)」や「0階(ゼロ)」の言葉からは、人類史にかがやく「0の発見(ゼロ)」をどの子も追体験しながら成長していることがわかります。その子が、気づいたことを口にするかしないか、口にしたとき周りの大人が気づくか気づかないかの違いがあるだけです。

先ほど、地上一メートルの具象の立面図でしかこの世を見ていないはずの子どもが……と言いましたが、その子が「数の終わりはどこ？　終点は？」と形而上の問いを発しさえもするのです。まるで子どもたちは生まれながらの科学者、哲学者だと思いませんか。こうやって幼児期の「かわいい盛り」を科学者、哲学者として成長していくのに、なぜそのあと就学して「科学離れ」になっていくのでしょう。もしかして……とわたしが思う理由がひとつあります。「科学」という言葉です。この言葉がよくないのではないでしょうか。「科（しな）」学って、ものを区別したり分けたり、要するにこの世を分類して整理整頓していく、とても静的な学問に聞こえませんか。そのうえさらに、整理整頓したものを頭の中に覚えこむ学問のように思われていないでしょうか。多くのお母さんたちが「科学には弱くて」「科学ときくと頭が痛くなって」というのは、そんな「科学」観をもっている(もたされている)からではないでしょうか。わたしには「科学」よりもまだ、明治の初めまで「科学」にかわって使われていた「窮理（きゅうり）学」という名前のほうが、子どもたちのこの世を見つめるきらきらした目を育て発展させる学問の名前としてふさわしいように思いました。静的な「科」学とちがって、「窮理」学は動的です。わたしが出会った子どもたちは、まさに「こけつまろびつ」この世を「窮理」していました。ただ、経験量と情報量の不足で、導き出された答えが脱線したり錯誤したりしていただけです。見ていておかしかったけど、人類史を見ているようでいつも粛然とさせられました。

（二〇〇八年七月五日「第一回科学読物シンポジウム」の講演録より）

おすすめの五冊

最後に、子どもの科学絵本の紹介について。たくさんの良書がありますので、どうぞ、その子の近くにいる方が、子どものつぶやきを聞きながら、そのときのその子の関心に応える科学絵本をぜひ探してください。

たとえば、「お空って、どこから?」の子には、

①『ぼくのいまいるところ』(かこさとし著、童心社)

②『おそらに はては あるの?』(佐治晴夫文、井沢洋二絵、玉川大学出版部、二〇〇三)

はどうでしょうか。

①は科学絵本の古典ともいうべき本です。一九六八年に刊行されたあと、いま刊行されているのは一九八八年に出された改訂版(太田大輔絵)です。この本につづいて就学以降の子なら『コズミックビュー(COSMIC VIEW)』はどうでしょう。オランダの科学の本で、邦訳もなく本国でも絶版ですが、インターネット上で全ページが公開されています(COSMIC VIEW: The Universe in 40 Jumps by Kees Boeke)。庭で休んでいる人の姿を上から描いて、ページをめくるにつれて一〇倍、一〇倍と遠ざかっていく構成で、絵を見るだけで楽しめます。

②は、論理展開による思考実験だけで、この世に果てがあるのかないのかを論証する絵本です。しかも、五歳児に向けて! 子どもに対して一歩もひ

るまずおもねらず、パラドックスによる逆説証明に持ちこみます。切り絵による平面デザインに徹した絵が、子どもの理解を助けます。

「お姉ちゃんが一〇月生まれで……」の子に時間の絵本というと、まず時計の絵本とかカレンダーの（暦の）絵本が考えられます。そういう「知識の本」でなくて、時間の概念に正対した科学絵本というとわたしには思いつきません。実はわたし自身、幼児に向けた「時間」の絵本を編集出版したいと思いましたができませんでした。それで、……時間を軸にしてお話がすすむ絵本として次の二冊はどうでしょうか。この子への答えにならなくても、この子の関心に伴走する絵本として。

③『せいめいのれきし』（一九六四）

④『ちいさいおうち』（一九六五）

どちらもバージニア・リー・バートン文・絵、石井桃子訳（岩波書店）です。

「半ぶんこ」の子どもたちには、

⑤『はんぶんちょうだい』（佐々木利明文、古川タク絵、福音館書店）

が楽しいです。三歳からの月刊科学絵本「ちいさなかがくのとも」のシリーズで二〇〇七年四月号として出版されたものです。

2　自然の広がりを伝える
——科学者として考えること

海部宣男
かいふ　のりお
放送大学教授、前国立天文台長

子どものころに本と自然の不思議との出会いがあった

わたしが子どものころのことから始めます。わたしが科学者になったのは、子どものころの環境と体験が強く影響していると思うからです。

父は判事でしたが、若いころから俳句をたしなみ、家には昭和文学全集がそろっていました。わたしたち子どもも、ずいぶんと本を買ってもらっていたと思います。わたしはどうやら三人兄弟の中でもとりわけ本好きだったようで、「のりおちゃん（わたしのこと）は本をもって座りこんだら、何にも聞こえなくなっちゃう」と、母は笑っていました。ともかくわたしが手当たり次第に読むのを、両親は喜んでくれました。わたしの本好きは、確かにこの両親に育んでもらったのだと思います。

身近な家族に理科系の人間はいなかったのですが、いつのまにか自然の不思議に強くひかれる子どもになっていました。最初のきっかけは小学校三年生のころ、『地球が生まれた』(金子孫市著、古沢岩美絵、新潮社、一九五〇)という絵本との出会いだったかもしれません。表紙の恐竜の絵にひかれ、ねだったのでしょう。溶岩におおわれた初期の地球からアメーバのような生き物が生まれ、恐竜が、そして人間が現れた歴史が描かれていました。人間がアメーバから進化してきたのだということを、非常に強い印象をもって感じ取ったと思います。

さらに決定的な影響は、やはり小学校三〜四年生のころ、偕成社の科学文庫『自然界の驚異』(原田三夫、一九五三、図1)と少年科学文庫『天体と宇宙』(野尻抱影、一九五二)によるものです。どちらも繰り返し、繰り返し読むうちに、背表紙がはがれてバラバラになってしまいました。偕成社からはいまもそれぞれの後継のシリーズが出ているようですが、いま『自然界の驚異』の初版本を見直すと、総ページ数二百数十。ルビつきですが、活字は細かいし内容も濃い。全ページに写真が載っていて、わたしを自然の不思議の虜にしたその写真の一枚一枚を、よく覚えています。切り立ったグランドキャニオンや「百万灯」と名づけられたブライスキャニオンの写真を見て、自然はどうやってこんなすごい形をつくるんだろうと思い、氷河や火山や鍾乳洞や化石などなど、多彩きわまる自然の作用に驚嘆したのです。

たぶんそのころからわたしは、自分の周囲にある自然への興味を深めました。電車から見える景色、山や谷に、その成り立ちを見ようとしはじめたのです。大きな平野の中にそびえるあの山は、どうしてできたんだろう。火山でないとすると、固い岩が川に削られて残されたんだろうか。でもこの広大な平野全体が、前はあの山と同じ高さだったなんて、とても信じられない……。と、そんなふうに考えるのです。小学校の帰りに砂利の中に見つけた、きれいな石。なぜ、こんなにピカピカ光る白や黒のきれいな面があるんだろう。人が磨いたはずはないのに……。中学校で、ものは原子でできているということを習いました。原子が決まった配列で並ぶと、きれいな面をもつ結晶というものができる。あっ、そうなんだ、と霧が晴れるように理解できたときのうれしさも、覚えています。

『天体と宇宙』で太陽系がどのように生まれたかについて当時の学説を読んだわたしは、紙芝居をつくってクラスの学芸会で見せました。『地球が生まれた』には地球誕生後のことしか書いていなかったので、それと組み合わせて「宇宙から人間の誕生まで」をストーリーに仕上げたのです。まるで全世界を理解したような気分になったものでした。

子どものころに抱いた自然の不思議への憧れや、その仕組みを一つ理解したときの高揚感は、科学の道に進んだその後も、そして今も、変わることがありません。自然は、どこまでも奥深い。研究をすればするほど、自然はわからないことだらけだということがわかります。だから科学があり、科学者が生まれます。もし、わからないことがなくなったら科学者なんていらなくなりますが、そんな日が人間に訪れることは、ないでしょ

図１　偕成社『自然界の驚異』初版本

う。人間は神ではなく、自然が生み出した存在、人間だからです。

子どもに向けた科学の本を書く――『時間のけんきゅう』

大学院に進んで天文学を目指した当初から、わたしは天文学者として知った新しい宇宙の驚きや自然のおもしろさを、人びとに伝えたいと思っていました。二〇世紀半ばという時代の空気に影響された面もあるでしょうが、科学のもつ力を、わたしは信じていました。自然と世界を理解する科学なくして、人類の未来はないと。じつは今でも、その考えは基本的に変わっていません。いや、文明自体が人類を危機に陥れかねないという認識がはっきりしてきたいまこそ、自然を理解し方向を見定める科学の果たすべき役割は、非常に大きいというべきでしょう。それに、科学を伝えるのは楽しい。『銀河から宇宙へ』(新日本新書、一九七二)から始まってたくさんの一般向けの本を書いてきましたが、子ども向けの本は、チャンスに恵まれないと書けないと思います。出版社、編集者とのよいコラボレーションが必要です。

はじめて書いた子ども向けの本は、岩波書店・算数と理科の本シリーズの『時間のけんきゅう』(一九八一、図2)です。そのころわたしは、次つぎ生まれた四人の子どもの「オムツ洗い係」を卒業し、長野県・野辺山で、口径四五メートル大型電波望遠鏡づくりに没頭していました。建設が急ピッチで完成に向かう忙しい時期でしたが、この面白いテーマをもちこんでくれた編集の森光実さんと一緒に進めた出版の仕事は、楽しいものでした。わたしの念頭にいつも、わが家のやんちゃ坊主たちの顔があったのはもちろんです。

時間というこのつかみどころがないものを、どうやって子どもに伝えよう。まず、タイムマシンの思考実験や発掘を通して、時間を思考体験してもらおうと考えました。長野県・野尻湖の湖底発掘は、小中学生から大人まで数百人の子どもや一般の人が参加して、三年ごとに続いてきた壮大な共同発掘です。わたしも子どもたちを連れて三回参加しています。自分の手で地面を掘ることで、過去を発見してゆく。まさに過去を掘りだしてゆくような実感には、こたえられないものがあります。また、子どものときからのあこがれのグランドキャニオンを訪れたときには、切り立った壁を一〇メートル下るごとに数百万年の過去をさかのぼってゆく実感を味わいました。わたしはそのような体験を通して、過去の時間を子どもたちに伝えようと考えました。では、未来はどうだろう。時計は？　タイムマシンは？　画家の原誠さんが、爪楊枝とインクで描く特異な挿絵の雰囲気が「時間」の不思議さによくマッチして、産経児童出版文化賞(科学賞)をいただいた本です。

図2　岩波書店・算数と理科の本『時間のけんきゅう』

子どもに向けた科学まんがを書く
——『あっ！　星がうまれる』

野辺山に完成した口径四五メートルの電波望遠鏡(短

い電波を観測できる高精度電波望遠鏡としては、今も世界最大)を使い、宇宙の冷たい雲=暗黒星雲から星が生まれるようすなどを観測しているうちに、今度はそんな観測のようすや見えてきた宇宙の姿を、子ども向けの連載マンガにしてはどうかという話をいただきました。三年間にわたって「少年少女新聞」に連載しましたが、これも編集の田辺さん、マンガ家の伊東章夫さんと三人で喫茶店に集まっては、キャラクターや筋書きに頭を絞る、楽しい経験でした。わたしがプロットを書き、伊東さんがマンガにしてくれて、それをもとに議論を重ねます。伊東さんにかかると、わたしのプロットはあっという間に愉快に膨らむのです。編集の田辺さんは、監督役。傑作は、四五メートル電波望遠鏡でさかんに観測していた暗黒星雲をキャラクターにした「怪盗ブラックマント」でした。星の光を盗んで、観測を邪魔するのです。この連載は新日本出版社の科学まんがシリーズ『あっ！ 星がうまれる』(一九八五、新装版一九九三、図3)、『まて！ 宇宙ぼうちょう』(一九八六、新装版一九九三)、『まわれ！ 太陽系』(一九八七、新装版一九九三)の三冊にまとまり、ロングセラーになっています。

図３　科学まんがシリーズ第１冊
『あっ！ 星がうまれる』

マンガのおもしろさはなんといっても、その自由自在さにあります。ニュートンの万有引力の法則の発見を、劇仕立てにして描きます。すると伊東さんの筆で、ガリレオもケプラーも古代のアリストテレスまで、観客として出てきて活躍してしまうのです(『まわれ！ 太陽系』)。このマンガ劇は、ニュートンが万有引力を思いつく有名な場面から始まりますが、リンゴが昼寝していたニュートンの頭に落ちてコブをつくるのは、なぜか？ 重力が引くから。では、月はなぜ落ちてこないのか？ いや、月も落ちているんだ！ ニュートンが地上のリンゴの運動と天上の月の運動とを重力という力で統一して理解した、重要な着想の瞬間です。月は慣性の法則で、まっすぐ地球から離れて飛んで行ってしまいたい。しかし重力に引かれて、いやいやながら落ちてくる。結果として月は円運動を描くのですが、それもマンガならではの表現になります。最後にニュートンが「万有引力だ！」と叫ぶと、照明だの幕だのが舞台にドドドッと落ちてくる。まさに楽屋落ち？ マンガにはオチが必要ということも、わたしはさまざま学んだのでした。「少年少女新聞」連載の三年間親しんだ、星子ちゃんや太陽博士やブラックマントがなつかしい。

日本に科学ライターが少ないわけ

「毎日新聞」で、科学の本を中心に書評を続けています。一九九七年初めからですから、もう一三年になります。「毎日新聞」の書評欄「今週の本棚」は、委員会で本を決めるのではなく、書評委員が紹介したい本を自分で選んで書評する点に特徴があります。毎週送られてくる本のリストや書店の店頭で本を選び、いくつか目を通して、これはと思う本を、メモを取りながら丁寧に読みます。対象は必ずしも科学の本と決めているわけではありませんが、おのずから役割分担はありますから、科学のよい本が出ると大変うれしい。よい本がないと、困ります。残念ながら科学の分野では日本の著者によるよい本が少ないと、ずっと感じています。

科学の読み物をおおざっぱに分けてみると、宇宙・素粒子・生物……といった科学の成果の紹介、研究現場のドキュメント、科学者の伝記、科学の歴史、探検(探検は、かなりの程度科学です)、科学エッセイ、科学にかかわる社会問題(環境、疑似科学、捏造……)、といった分野があります。これらのなかで、科学的成果の紹介の本は日本でもたくさん出ており、研究者によるものも含めてよいものも多いと思います。しかし研究現場のドキュメント、科学者の伝記、科学の歴史、探検については、かぎられた著者をのぞいては、日本の書き手の層が非常に薄い(優れた翻訳者は増えていますが)。アメリカや、ヨーロッパとくにイギリスで、優れた書き手が多く活躍している状況と、対照的です。

こういった分野の欧米での書き手は、多くの場合、現役の科学者ではありません。博士号をもつなど研究の経験のある人が多いようですが、本職は科学ライターです。専門知識をもった科学ライターが、何年もかけて調査しテーマを追って、重厚な本を書くわけです。そういう本は、主人公たる科学者を人間として描くとともに、科学の記述でも深いものが多い。ところが日本では、そうした本を書く科学ライター自体が、まだごく少ないのです。なぜ日本に科学ライターが少ないのかといえば、食べていけないからです。二年も三年もかけて調べて書いて、それが売れなければ食べていけない。それはとりもなおさず、日本には科学の本の読み手が少ないということを反映しているわけです。欧米のライターによる優れた本の出版が日本でも比較的多いのは、よい翻訳者を支えるほどの需要はあるということでしょう。

かつて日本には、科学雑誌ブームがありました。かなり怪しげな雑誌まで出ましたが、ブームは短期間で見事にはじけ、おまけに伝統ある科学雑誌も次々廃刊になって、いま日本の科学雑誌はほとんど壊滅状態にあります。少数の雑誌が一万部から数万部の配本でわずかに生き残っているけれど、アメリカの科学雑誌の百万部といった数字とは、比べるべくもないですね。日本は「科学技術立国」ではなかったのでしょうか?

科学雑誌を読まない科学者

日本で科学の本や雑誌が売れない、だからよい書き手も雑誌も育たないということについては、原因はいろいろ考えられるでしょう。わたしにはかつてある編集者がわたしに言ったことが、深く印象に残っています。「日本の研究者が、科学雑誌を読まないんですよ」という発言でした。『サイエンス』や『サイエンティフィック・アメリカン』などという、一般科学雑誌をアメリカの研究者はよく読み、他分野の動向にも気を配ります。実際彼らは、他分野のことをよく知っています。

そういえば、いまの日本でそれに相当するだろう岩波書店の『科学』の発行部数は、一万部程度と聞いています。八〇万人と称せられる日本の研究者のどれだけが、他分野の動向に常時気を配っているのだろうかと、改めて問いたい気分になります。社会への科学の普及を考えるとき、科学雑誌や本の役割が重要であることは言うまでもありませんが、それらを日本社会が受け入れていないというより、実は日本の科学者自身が受け入れていないのだということになるでしょう。残念ながら、日本の研究者の「縦割り意識」や「タコ壺構造」には、まだ深いものがあります。研究者の分野間の交流が少ないとか、よい教育をしよい本を書いて科学を広めてゆこうという意識が希薄だということも、よく指摘されます。自分のせまい居場所から出ようとしないという面で、みな同じ現象です。

「お上」の体制の中で育った科学研究

これらの現象は日本の科学研究者の後進性を表しているといえましょうが、ただ、それをすべて科学者のせいにおしつけてしまえない面があります。歴史も、無視できない背景として存在するからです。日本という国は、近代科学を明治維新後に輸入しました。今から一四〇年前です。日本が、欧米以外では、いち早く近代科学を導入した。だからこそ日本はアジアの一角で、それなりの存在を示してきたといえるでしょう。しかし、ガリレオやニュートンの時代から数えて四〇〇年近く、近代科学を生み出し、社会の中で科学のシステムをつくり上げ、科学の地位と科学者の在り方を営々として築いてきた欧州諸国や、それを受け継いだアメリカとは、社会の中の科学の在り方・存在感に、まだ大きな差があります。日本人の科学の理解度がＯＥＣＤ諸国で最低レベルにあるのは知られた統計的事実ですが、それも無理はないとも思えてきます。

ところで明治日本が輸入した科学は、技術とセットでした。というより、富国強兵の早急な実現のため役に立つ技術に重きがおかれ、科学は技術を支えるもの、役に立つ技術に奉仕するものというとらえ方だったといえましょう。奥深い自然への驚きに立ち向かいその解明を目指すという意識は、欧米諸国に比べて日本社会では希薄だったのです。それは、今の日本でも根強く残っています。実際、日本でだけ用いられている「科学技術」という奇妙な言葉は、歴史的にそうした日本の事情の中でつくられ使われてきたものといえます。本来「科学＝サイエンス」とは知ることであり、「技術＝テクノロジー」とはつくることです。現代社会では両者は密接にからんで文明の基礎を造っているのですが、人間活動としては別物で、その区別をしっかり認識することは、この時代にはますます重要でしょう。セットで言うなら「科学と技術」あるいは「科学・技術」とでもするべきなのです。

それに加えて、富国強兵のための「科学技術」を推進する大学など日本の研究組織は、明治政府が急遽、天下りにつくったものでした。給料も含め「お上」の金をもらって科学研究を進める体制が、その最初から全面的に敷かれたわけです。一方ヨーロッパでは、科学の推進は王侯貴族に支えられていたにせよ、科学者たちの苦闘によって社会の中でその体制が自然発生的に獲得されてきました。だからたとえばイギリスでは、ニュートンの時代からトップサイエンティストによる一般向けの科学講座がありました。ほかにも金曜講話やファラデーのクリスマスレクチャーなど、一流の科学者が市民に科学をじかに伝える場が伝統的に開かれ、王侯貴族も一般市民も女性も参加して、当時最先端の科学の話を楽しんだのです。科学の成果を社会に伝えるのは科学者の責任という考えが当初から存在し、育ったのです。日本では科学者はお上からお金(実は税金)をもらって研究するという体制の中で、研究は高尚だ、研究者は研究さえやっていればよい、という気分に浸ってきました。いわゆる「象牙の塔」にこもって、自らが科学を社会に広める努力を怠ってきたことは、事実として認めなければならないでしょう。科学の雑誌や書き手が十分育たなかったことも、日本人の科学の理解度が低いという現状も、この事実と無縁ではありません。

子どもは好奇心にあふれた「知りたがり屋」

何年か前に、ＮＨＫの『課外授業・ようこそ先輩』という番組に出ました。わたしが小学校二年生から四年生にかけて在籍した三鷹市立第四小学校の、六年生のクラスで授業をしたのです。そこで、忘れられない体験をしました。

幸い夜にかかる授業を許可していただき、子どもたちは数人ずつのグループに分かれて、それぞれはりきって小望遠鏡を組み立てました。それから屋上に上がって月を観測し、スケッチをしました。みな熱心に観測しているうち、女の子が三〜四人でわたしのところにやってきて「あのー、さっき先生が言ったこと、間違ってるんじゃないですか？」。望遠鏡を組み立てる前に、月の円いクレーターの火山成因説と隕石衝突説の対立の話をしてありました。アポロの月面探査で決着がつき、いまは隕石の衝突でクレーターができたという結論が出ているということも。生徒たちは自分が描いたスケッチをわたしに見せながら、「月の上でクレーターがある場所は、ほら、こんなに偏っています。もし隕石でできたのなら、どこだって同じに落ちて、どこでも穴があいているはずでしょ？　だからクレーターは、火山でできたんじゃないのですか?」。わたしはうれしくて、本当にぞくぞくしました。自分でスケッチをしたことで、子どもたちはこんな素晴らしい発見をするのだと。

実際には、隕石衝突でまんべんなくクレーターができたあと、膨大な溶岩が流れ出てクレーターを部分的に埋めてしまいました。だから、クレーターは月面の上で偏って分布して見えます。でも、子どもたちのこの発見はすばらしい。そしてそれは、自分の手でクレーターを一つひとつ描きこむ、能動的な観測をしたからこそ生まれたものです。ただ望遠鏡で眺めただけでは、この発見はなかったでしょう。わたしは撮影スタッフに、ぜひこの場面を番組に出してくれるように頼みました。でも残念! この場面、カメラが向いていなかったのでした。

いま日本では、「子どもの理科離れ」がいわれます。しかしそれは、認識違いです。子どもと付き合ってみれば、すぐわかることです。「理科離れ」しているのは子どもではなくて大人、それも(もしかしたら学校の先生も含めた)日本の大人だと、わたしは思っています。

本来人間は、「知りたがりの動物」です。自分がいる世界を知ることは、自分の未来を予測することにつながる。人間は、「知ること」によって自分たちの世界を広げ、他の生物を圧倒し多様な環境に適応する力を身につけて、文明を築き、世界を支配する今日の「人間」になりました。ホモ・サピエンスとして地上に生まれてから、十数万年。「知ること」は、人間の属性、本能となっています。だから子どもはみんな、好奇心にあふれた「知りたがり屋」なのです。それを成長するにつれて抑えこんでゆくのは、大人なのではないか。わたしたち研究者を含めた、日本の社会なのではないか。そうわたしは思うのです。

研究者よ、街に出よう

いま大学でも研究所でも、広報や普及活動が盛んに言われるようになりました。大変よいことであり、歓迎すべき進歩です。しかしそれが大学などの「予算獲得のため、評価をよくするため」の活動であるなら、残念なことです。ニュートンやファラデーがごく自然に始めたような、科学の成果を社会に還元し子どもたちにも伝えようという日常的な普及活動が広がってゆけばと、思います。

二〇〇九年は、ガリレオ・ガリレイの望遠鏡による宇宙初観測から四〇〇年を記念する、世界天文年でした。世界でも日本でも、予想をはるかに上回る活発な活動が展開され、国連認定のInternational Yearでも、空前の規模ではなかったかということです。とくに発展途上国では、世界天文年は科学教育に有効なプラットフォームとして歓迎されました。日本では、研究・天文教育・社会教育などの分野を網羅した世界天文年二〇〇九日本委員会を組織して、「ガリレオの驚きを、みんなの驚きに」「日本全国津々浦々天文年」というキャッチフレーズを掲げました。天文年の始まりに向けて、わたしは日本天文学会誌『天文月報』の二〇〇九年一月号に、「天文研究者よ、街に出よう!」という一文を書きました。その最後の部分を、以下に再録させていただきます。

世界天文年の活動は自主的で多彩な活動の大集成、ボトムアップだ。だがいま足りないのは、研究者の参加である。天文研究者よ、街へ出よう！　地域で、研究室で、個人で「自分の世界天文年」を創出していただきたい。宇宙ほど、人びとの心を不思議へと誘うテーマは少ない。ガリレオ以来四〇〇年の宇宙の広がりは目もくらむほどだが、いま日本の子どもたちは天の川どころか、星空まで奪われている。大人、特に研究者が黙っていては、自然・宇宙への関心や不思議に思う心は育たないだろう。日食、望遠鏡の組み立て、小観望会、講演、クラブ活動、出版など。子どもたちに、また星空を忘れている大人たちにも改めて、宇宙という広大な自然に気付き、考え、不思議に思う気持ちを広めたい。それは研究に専念するわたしたちの社会へのお返しであり、わたしたち自身にも実となり支えとなってゆく。

『天文月報』二〇〇九年一月号より

日本天文学会は、「世界天文年全国同時七夕講演会」を、インターネットを通して大学研究者に呼びかけました。それに応えて七月七日の前後に、なんと日本中の七七大学で、九九の一般向け「七夕講演」が行われたのです。やればやれるという実感を、多くの研究者がもったことでしょう。

最後に、世界天文年に関連した出版の話をします。世界天文年アジア協力企画としてわたしが提案した「アジアの星」プロジェクトについてです。いま星の話といえばギリシャ・ローマ神話ですが、アジアに美しい星や月、太陽、天の川の神話伝説がたくさん伝わっています。アジア各国の協力でそれを集め、美しい本にして、それぞれの国で出版しようという計画です。「アジアの星」国際ワークショップを開き、一四カ国からたくさんの話が集まりました。目下、マスターとなる英語版の編集作業を進めており、出版の目標は二〇一〇年の中頃です。それぞれの民族文化を反映させた絵を添え、子どもにも大人にも楽しめる本、プラネタリウムや学校でも使ってもらえる本にしたいと、願っています。

おすすめの五冊

『星界の報告』ガリレオ・ガリレイ著、山田慶児・谷泰訳、岩波文庫、一九七六(原著は一六一〇)

『アルプス登攀記』エドワード・ウィンパー著、浦松佐美太郎訳、岩波文庫、一九三六(原著は一八七一)

『完訳 ファーブル昆虫記』一～十、ジャン＝アンリ・ファーブル著、岩波文庫、一九三〇(原著は一八七九～一九一〇)

『不思議の国のトムキンス』ジョージ・ガモフ著、伏見康治・山崎純平訳、白揚社ガモフ全集1、一九五三。G・ガモフコレクション1、一九九一(原著は一九四〇)

『理科年表』国立天文台編、丸善、毎年刊(世界で唯一の自然と科学のデータブックです)

3　一冊の本から科学の世界を広げていこう
――「よもあそ」から

吉田のりまき
よしだ　のりまき
科学の本の読み聞かせの会「ほんとほんと」代表

科学の本も、もっと読み聞かせをしてほしい

全国の図書館や学校で、本の読み聞かせがおこなわれています。最近では「家読（うちどく）」という言葉も登場し、ご家庭でも保護者がお子さんに積極的に本を読んであげているらしく、読み聞かせへの関心がさらに高まってきているように思います。読み聞かせで読まれる本は、読み手の好み、参加する子どもたちの年齢や人数、そのときの季節などが考慮されていて、多岐にわたるジャンルから適切な難易度の本が選択されています。

子どもたちと一緒になって、大人のわたしも参加してみると、一度も読んだことがない本に出会うことが多くあります。同じ著者の別の本を読んでみたくなって検索したり、関連する内容を調べたりして、知的好奇心がどんどんかきたてられていきます。大人でもワクワクするわけですから、子ども

たちにとっては新しい本と出会うことはもっと感動的で楽しいひとときに違いありません。

しかし、読み聞かせに参加しているうちに、科学のジャンルからは、本があまり選ばれていないことにだんだんと気がつきました。福音館書店発刊の月刊誌「かがくのとも」のように、ストーリー性があり、物語のように読み聞かせがしやすい本は読まれることがあるのですが、それでも登場回数は少ないように感じられました。

子どもにとって科学の本とはハウツウ本と図鑑？

それでは図書館での科学の本の位置づけはどのようになっているのかと、しばらく通ってようすをみてみました。よくみると、図書館の児童書のコーナーには、科学の本は結構な数が並んでいます。でも、子どもに人気のある昆虫といった類の生物の本はよく貸し出しがされていますが、まったく貸し出された形跡のない本も多々ありました。貸し出された形跡のない本のなかには、わたしの好きな本もありました。読みたいと思ったときに、読みたい人が自ら手を伸ばすだけなので、本を借りに来た本人が着目しないかぎり、その存在にすら気づかれない運命なのでしょう。しかし、もし、ほかの人に読んでもらったり紹介してもらったりすれば、少なくともその存在には気がついてもらえるのに、と悔しく感じました。

では、子どもたちがどういうときに、積極的に科学の本へ自ら手を伸ばしているのでしょう。実際に何人かの子どもたちやその親に聞いてみたのですが、総合学習での調べ物や、夏休みの自由研究のときに、科学の本を利用しているということでした。科学の本といえば「実験や工作の手順が書いてある本」「飼育の仕方が書いてある本」「図鑑のようなもの」という固定概念があるようです。

もちろん実験や工作の体験も大切ですが、なぜだろうと疑問に思ったり、その理由を予想したり、検証する方法を考えたり、結果から考察したりと、頭の中で考えることも必要です。さらには、暮らしとの関わりや、どのように役立っているのか、どのように役立てていけばよいのか、といった考えも不可欠です。それゆえ、ハウツウ本や図鑑だけが科学の本ではなく、言葉や絵でしっかりと表現されたお話風の科学の本の中にも、科学の基礎的な考え方が根底にあるようなおすすめの本があることを、もっと子どもたちにも知ってほしいと思うようになりました。

そこで、自分で実際に科学に特化した読み聞かせに取り組んでみました。

科学の本の読み聞かせはしづらい

科学の本は、科学的な内容が系統立てて思考しやすいように順序よく記載されています。それゆえ、お話風になっている本でも読み聞かせ用につくられた形式にはなっておらず、言葉のリズムも読み聞かせを意識したものではないことが多いのが現実です。内容にも物語のように起承転結があるわけではなく、事実だけが淡々と書かれていることがあります。ひきこまれるような感動もなければ、山場すらない説明が続くページもあります。そのような本を子どもたちに、突然、読んで聞かせようとしても、子どもたちはすぐに飽きてしまいます。

また、予想させて結論を導くプロセスを重視した本の場合は、「どうなるかな？」という形式の問いかけが多く見うけられます。次のページで実際に試している絵が描いてあって、「こうだから、このようになるね」と、そのあとに結論がしっかりと明記されています。こういった本は、実際に自分たちで実験をやってみることを前提としているので仕方がないのですが、よい本なのでぜひとも読んであげたいと思っても、そのまま読むわけにはいきません。なぜならば、読み手が質問をなげかけて、すぐに読み手が答えてしまうだけになるからです。また、聞き手の子どもたちのなかには、その年齢ではまだ疑問には思わないことが、本の問いかけになって登場してくることもあるので、単純に知識の先取りをしただけになってしまうこともあります。

だからといって、答えのないオープンエンド形式の実験が紹介されている本ばかりを読んでみても、結局は「どうなるだろう」という読み聞かせだけで終わってしまいます。あとで子どもたちが自分で確認実験をしてくれるのならばよいのですが、実際に試してみるのは、もともと積極的に図書館で借りて読むくらい科学が好きな子どもくらいでしょう。実験をしない子どもたちは、永遠に「どうなるでしょう」だけで終わってしまう可能性があります。

読み聞かせのために科学実験や工作を組み入れる

それならば、本の内容に則した実験や工作を、読み聞かせと一緒にやってあげればよいのではないかと思いました。本に書いてある内容のとおり、もしくは関連した実験・工作をいくつか組み合わせてプチ実験教室のように紹介し、そのあとで本の読み聞かせをするのです。

実践してみると、実験・工作のあとに本の読み聞かせが続くので、子どもたちの目が本に釘づけになっています。実際に、さっき自分がやったことが言葉となって本に書き記されており、読み手から言葉で語られてくるわけですから関心をもつのは当たり前ですが、文字と一緒に自分の頭の中で、どうなるのか、こうなるはずだ、と思考のプロセスも同時に楽しめているようで、これが本に積極的に関わろうとする姿勢につながっているのではないかと思われます。つまり、「読んでもらう」という受動的な行為に思われる読み聞かせが、この場合にはとても主体的な行為になり、一人ひとりが積極的に自分のスタイルで本と関わるようになるからこそ、子どもたちは本にひきつけられたのではないでしょうか。

さらに、読み聞かせのあとも、子どもたちがもっと主体的に読書を楽しめるように、関連する図書や科学の小話のようなものをどんどん紹介するようにしました。読み聞かせるのはたった一冊の本ですが、本から本へと関心をつなげていく面白さも同時に伝えています。

読み聞かせの実践例――『みずたまレンズ』

現在、わたしが主宰する「科学の本の読み聞かせの会「ほんとほんと」」というボランティア団体の活動の一つに「読もう遊ぼう科学の本」があります。「よもあそ」という通称で親しまれている科学の本の読み聞かせで、おもに東京都東久留米市の図書館の一事業として月に一回実施しています。

図１　『みずたまレンズ』振り返りシート

企画構成から当日の担当まで、ほんとほんとの会員が中心となって行っています。

「よもあそ」の対象は未就学児から小学生ですが、年齢を限定していないので、中高生が参加することもあります。実験や工作を三〇分、読み聞かせを一〇分、関連図書の紹介を五分、自由閲覧を五～一〇分で行います。参加者は、終了後に読み聞かせてもらった本や紹介された本を、そのまま図書館で借りていくことができます。また、帰宅後に子どもたちが思い出せるように、書誌事項、今日の内容、関連事項、関連図書が書かれた「振り返りシート」（図１）を渡します。

一例として、写真家の今森光彦さんの『みずたまレンズ』（福音館書店、二〇〇八）を読み聞かせしたときのことを紹介します。

この本には、さまざまな場所にできた水玉のきれいな写真が満載です。草花や昆虫に水玉がついていて、その水玉の中に、向こう側にいる友だちの顔が逆さまに映っている写真もあります。水玉がどのようなところにできていて、どのような形をしているのか、水玉がレンズのような働きをしているのか、ということを示唆してくれる科学の本です。

この本には実験も工作もでてきません。しかしながら、科学的な視点がたくさんあります。そこで、この一冊の本から広がる科学的な視点をマップで表してみました(図1左下)。

このマップは描く人によって違った図になります。同じ一冊の本からでも、人によって思考過程が違いますし、取り上げたいキーワードや興味や関心事の方向性が異なっているからです。また、同じ人であっても、そのときどきで興味や関心の方向や度合いが違ってくるので、マップは変わっていきます。物理・化学・生物・地学といった分野に特定されることなく、視点が自由に広がっていくことが再確認できます。このマップは「振り返りシート」にも記載しておきます。

マップは、関連図書を集める作業にも役立ちます。読み聞かせの会場に五〇冊近くの関連図書を並べるのですが、『みずたまレンズ』という本からは、たいがいの人は「水」「レンズ」といった内容の本だけを集めてしまいがちです。しかし、マップのように多岐にわたった視点を紹介したいので、レンズつながりで望遠鏡やカメラの本、雨つながりで気象関係や環境問題の本、玉の形から表面張力につなげてアメンボやしゃぼん玉の本、丸という形にちなんだ本、水をはじく蝶の羽根の話から撥水性や界面活性剤の本、そしてミクロな世界の写真集までが並べられます。

子どもたちは、読み聞かせのあと、何に興味をもつかはわかりません。大人が最初から視点を制限して紹介するのではなく、どこか一つでも興味や関心をもてるような視点を用意しておき、自分なりに接しやすい視点に出会うことで、すんなりと科学の入口に立てればよいと考えています。その日にどのような本が借りていかれるのか、子どもたちが、一番に手に取る本はどれなのかを横でみて、次の読み聞かせの参考にしています。

伝えたいことはシンプルに、実験・工作は無理なく

さて、マップは視点を広げるのには役立ちますが、読み聞かせの内容を構築する際には、逆に煩雑になりすぎます。今度は絞りこみをしなければなりません。読み聞かせの時間や場所、対象年齢層や参加人数、季節といったことを考慮して構成を考えるので、同じ本の読み聞かせであっても、取り入れる実験・工作の内容が毎回変わります。そのたびに、読み聞かせのポイントをどこに置こうかと考えて内容を絞っていきます。

表1に、組み合わせることができる代表的な実験を挙げます。そのつど選択して自由に組み合わせて実施しています。わたし自身は、最初に「水玉はどのような形ですか」と必ず聞くようにしています。水玉模様のように丸の形であったり、雨のしずくのような形だったり、上から降ってくるということで長四角という意見もありました。そのあとで実際に葉っぱや花に水をかけてみます。ハスやサトイモの葉が入手できたときには、ころんと丸い玉になる水玉も見てもらっています。ストローを使って紙や布やプラスチック板の上に水玉をつくったり、水玉の大小と焦点の関係や、ビー玉を利用してレンズの働きを観察してもらったりといったことを、年齢に配慮して行っています。

表1 『みずたまレンズ』 実験候補(抜粋)

水玉の形を観察 ハスの葉やケイトウの花などにシャワー水をかけて，しずくのようすを観察する.	**もりあがる水の面を観察** 容器に水をぎりぎりまで入れ，おはじきをさらに入れていく. 水面が容器の縁からもりあがるようすを見る.	**水玉を実際に作成** ストローをつかって布や紙やプラスチックの上に大小さまざまな水玉をつくってみる．布目が見えるのも面白い.
文字の見え方 透明なプラスチックのカード入れに小さい文字や絵がかいてある紙をはさみ，カード入れの上に水玉をつくって文字や絵を見る.	**5円玉の穴に入れる水の量** 穴にたっぷりと水を入れれば凸レンズ，少しだけならば凹レンズになることを体験．大きめのビーズの穴を用いても可.	**ビー玉の大中小** 大きさによる見え方(倍率)の違いを体験．ビー玉を動かすことで焦点の位置や像のでき方が違うことを体験する.
大きなガラス玉にうつる像 野球ボールくらいのガラス玉があれば，向こう側の景色が玉にどのようにうつるのかを見てもらう.	**水玉を動かして集光をみる** 透明なビニールシートの上に水玉をつくり，シートを上下させて集光のようすを観察する.	**ピンホール顕微鏡** 小さな穴があいたプラスチックカード(テレホンカードなど)の穴の上に水玉をのせ，顕微鏡をつくる.
ペットボトルの水レンズ ペットボトルに水を入れたときと入れてないときとで，見え方が違うことを体験する.	**生物がもつ水をはじく性質** カイコまゆや，標本の蝶の羽などに水滴を落とし，撥水することを確認する.	**界面活性剤** 石けん水でも水玉をつくってみて，水でつくった場合と比較する.

レンズを用いると像がどのように見えるかを実際に知らない子どもたちには、そもそも水玉とレンズとがまったく結びつきません。そこで、虫めがねも用意して、レンズの原理を理解するための体験を補っています。こういう体験を少しずつ増やして積み重ねていくことも、この読み聞かせのポイントです。

しかし、あくまでも本の読み聞かせをするための実験・工作なのです。最初から欲張らずに無理なく取り組むというスタンスで、長続きさせていくのがよいと思っています。

科学でも言葉が大切

「よもあそ」を実施していくうちにわかってきたことがたくさんあります。その一つに、成長過程の子どもたちの日常においては、本の中のできごとが、そのまま日常生活の一部となり、容易に内容を実体験に結びつけて、自分たちの経験を広げているということです。

『みずたまレンズ』の読み聞かせのあとでは、子どもたちは雨上がりの葉っぱにしずくを見つけて大喜びをします。水玉によって葉脈が大きく見えたり、向こうの草花が逆さまに見えたりしていることを観察して、「このあいだの本と一緒だったよ」と報告してくれます。雨が降らない場合には、自分で葉っぱに水をかけて、本で得た経験をもとに自らの体験を増やしていく子どももいます。水を葉っぱにかける際も、思いっきりかけたのではきれいなしずくにならないことがわかってきて、そろりそろりとようすを見ながら水をかけ、本と同じような水玉をつくろうとしています。

また、言語と科学の関係でも気づいたことがあります。確かに科学では、実際にやって、見てみることが大切です。けれども、見たことをうまく相手に伝えることや、そこから考えたことを人と話し合うことも大切です。つまり、科学においても言語活動が大事であり、国語とも関係してくるということです。学校では文系、理系に分けてしまうせいか、国語と理科(科学)とは対極にあるというイメージが強いようですが、実際は、国語と科学は密接な関係にあるということを再認識させられました。

本にはつくり手の思いがこめられており、丁寧に選ばれた言葉と絵で構成されています。伝えたい事柄が明確で、表現が練られているので、適切な言葉によって説明されている本が多くあります。そういう本を通して、「よもあそ」にきた子どもたちは、自分が体験した実験・工作をうまく言葉や文章で表すことができるようになっているようです。子どもたちは絵本の言葉を吸収するのが速いので、早速、その言葉をまねて自分の体験をほかの人に伝えていきます。それだけに、正しく表現された科学の本を選択する責任も痛感しています。

科学コミュニケーションの下地づくりに

予想、検証、考察というプロセスを無理やり教えこもうとしなくても、読み聞かせの場にいる子どもたち同士で、会話によって思考回路を組み立てていけることも、「よもあそ」でわかってきました。たとえばある子どもが「蝶の羽も雨が降ると濡れている」と言い出したところ、子どもたちのなかで議論が展開されていきました。「でも、濡れたら飛べないよ」「ぼく、蝶の羽の模様が大きく見えた。水がのっていた」「それが水玉じゃん」「濡れるよ」「羽をもったら手にいっぱいなんかついてきちゃった」「りん粉だよ。ぼく知っているもん。お父さんに教えてもらったもん」「それで水がつかないの?」と、次から次へと会話が弾んでいきます。

子どもたちの思考はマイペースなので、一見、順序がばらばらに思える発言もあります。しかし、友だちの意見を聞きながら、雨が降ってきたときの蝶の姿を、各自が各自のスピードで思い描きながら発言していくので、やがてはみんなで同じことを考えて意見しあえるようになっていきます。

どこにでもちびっこサイエンティストがいるようで、その子どもの豊富な知識が披露されるとほかの子どもたちは興味を示し、その知識を吸収してしまいます。さらに、自分の体験話もしたくて仕方がないので、どんどん得意気に披露していこうとします。そのおかげで、話の輪が広がり、読み聞かせの会場は科学コメンテーターの集まりとなります。

合い間に大人が適切な言葉がけをするだけで、子どもたちは言語活動により自分たちで疑問点をみつけては予想をして解決をしようとしていくので、科学コミュニケーションが自然と生じていることがわかりました。これは小学生だけでなく、幼稚園の年長さんあたりからでもできるようです。

いつでも科学、どこでも科学、読書で科学

結局、読み聞かせは子どもたちにとっては科学に興味をもつきっかけにすぎません。そのあとに、自分が主体となってフリースタイルで科学に関わり親しむことができるかどうかが重要になってきます。読み聞かせのあとのさらなる読書は、主体的に子どもたちが科学と関わる手助けになっているように思います。読書は自分のスタイルで自分のペースで自分に合ったレベルで行いますから、いつでもどこでも科学に関わっていくことができます。

主体的に科学と関わるようになれば、おのずから自分の暮らしと科学との関わりを考えることができるようになります。そうなればこそ、科学的な知識や概念がすんなりと頭の中に入ってくるようになり、自分から科学が面白いと思うようになっていくのだと思います。最初は子どもたちが対象の「よもあそ」でしたが、いつしか大人の参加者が増えました。これは、年齢に関係なくいつからでも、

科学を楽しめるきっかけを、本がつくってくれたからではないかと思います。

今後も、本を活用することで、文字を通して主体的に科学に関わる環境をつくり、本の素晴らしさだけでなく、科学の素晴らしさも伝えていきたいと考えています。「よもあそ」は科学の本の読み聞かせの実施方法の一例です。さらに検討を重ねて、さまざまな形式で科学の本の読み聞かせをしていきたいと思っています。全国に科学の本の読み聞かせが広がり、「科学の本の読み聞かせびと」が増えてくれると嬉しいです。

おすすめの五冊

『大きな木のような人』いせひでこ作、ジョルジュ・メテリエ監修他、講談社、二〇〇九
『こんにちは　あかぎつね!』エリック・カールさく、さのようこやく、偕成社、一九九九
『雪の結晶ノート』マーク・カッシーノ&ジョン・ネルソン作、千葉茂樹訳、あすなろ書房、二〇〇九
『ちいさなみどりのかえるさん』フランセス・バリーさく、たにゆきやく、大日本絵画、二〇〇八
『ふしぎないろみず』大竹三郎、岩波書店、一九八一

コラム　星空ブックフェアの取り組み

世界天文年二〇〇九の国内企画のひとつとして実施した「星空ブックフェア二〇〇九」をご存じでしょうか。全国の書店に世界天文年の専門コーナーを設け、良質の天文書籍を読者に提供することを目的とした企画です。具体的には、著者や出版社からフェア参加希望書籍の申請を受け、世界天文年日本委員会が中心になって良質の天文書籍を公認し、読者や書店に対して一定の良書情報を提供しました。フェアに際しては、公認書籍に共通のロゴマークや帯をつけて、フェアの一体感を盛り上げ、販売促進を図りました。公認書籍数は五六一冊です。

二〇〇八年末に試行的にプレフェアを実施し、二〇〇九年四月よりトーハン・日販両社の協力を得て、全国八六〇書店で実施しました。ほかに独自フェアで参加してくださった書店も多数ありました。

フェアの影響で意外にも、全国の公共図書館や学校図書館から相談が多く寄せられました。公認リストを参考に、蔵書を活用した個性的な星空ブックフェアを開催したいというのです。そこで、多様なニーズに対応し、フェアの促進を図るために、星空ブックフェアオンライン「宙読み(そらよみ)書房」(http://www.astronomy2009.jp/ja/bookfair/index.html)のサービスで、さまざまな角度からの読書案内を行うことになりました(館主は国立天文台の渡部潤一准教授です)。

特定の学術コミュニティーが、出版界や図書館界と広範に連携し、書籍を通じて多くの読者と接点をもつ試みは、ほかに聞いたことがありません。さまざまな発見もありましたが、世界天文年二〇〇九の終了とともに「星空ブックフェア二〇〇九」も一区切りとなりました。しかし、この成果を活かし、拡張も含めたより実験的なブックフェア展開の可能性を、今後も探っていきたいと思っています。

高田裕行(国立天文台天文情報センター出版係)

4　科学あそびでむすぶ科学の本と実体験

坂口美佳子
さかぐち　みかこ
科学読物研究会

百人おどし

江戸時代の子どもたちが、着物を着て正座して、手をつないでいる古い絵の写真があります(図1、『磁石と電気の発明発見物語――らしん盤からテレビジョンまで』(板倉聖宣編、国土社))。何をしていると思いますか？　実はただ手をつないでいるのではなく、「百人おどし」という実験をしているのです。テレビでも行われているので、ご存知の方もいらっしゃるでしょう。一人が静電気のたまったアルミホイルに触れると、手をつないだ全員にビリッとくる実験です。子どもに大人気の実験で、大騒ぎになったり「もう一回！」とリクエストされたりします。本を見せて、「江戸時代の子どもたちもしていたのよ」というと、驚きの声が上がります。

わたしは「科学あそび」という講座の中でこの実験を行っています。科学あそびとは、みんなで一緒に実験をしたり、ものづくりなどをしたりすることで、遊びの中で科学のおもしろさ、楽しさを体

図1　百人おどし（電気の史料館所蔵）

験しようとするものです。

わたしの科学あそびにはたくさんのテーマがありますが、そのひとつ、「ぼくもわたしもカミナリさま――カミナリカードをつくろう」を紹介しましょう。

まず十円玉、アルミホイル、折り紙の銀紙・金紙、アラザン（銀箔でコーティングされた砂糖の小さな粒）、シャープペンシルの芯（黒鉛）を用意します。それぞれに乾電池と豆電球を導線でつなぎます。実際に電気が通れば電球が点灯する仕組みを使った実験です。実験の前には、まず、子どもたちに予想をたててもらいます。そして、なぜそう予想したかを問いかけます。これには、子どもたちはそれまでの体験を総動員して、実にさまざまな意見をいってくれます。これを聞くのは科学あそびのなかで一番楽しい時間です。実験結果は、金紙以外はすべて電気を通します。金紙も、表面の黄色い塗料を紙やすりで落とせばアルミニウムを使った銀紙が現れて、電気を通します。

この実験は、仮説実験授業の授業書『自由電子が見えたなら』（仮説実験授業研究会編、仮説社、一九九〇）を参考に組み立てています。

仮説実験授業は、必ず子どもたちに予想をたてさせ、意見をいってもらい、実験して確かめるという授業方法です。

『きんぞくたんけんぴかぴかでピカッ』（玉田泰太郎・ふくだいわお、童心社、一九九〇）も参考にしています。元気な妹とやさしいお兄ちゃんが、豆電球と乾電池の回路をもって、そこらじゅうの物が電気を通すか、片っ端から確かめていきます。折り紙の銀紙で折った鶴の羽の両端に導線をつけ、豆電球の明かりをつけている絵がのっているので（図2）、わたしも同じように、折り紙の鶴で実験します。

この本には仁丹も電気を通すとあるのですが、わたしは仁丹の代わりにアラザンを使います。お誕生日か、お誕生月の子どもに試食してもらってから実験です。試食するとなると、見ている子どもたちは「いいなー」「ずる～い」と大騒ぎです。「実験を手伝ってもらうのだからね」となだめ、全員に予想を聞きます。「お砂糖でできているから」「食べるものだから」電気を通さないという意見がたくさん出てきます。低学年の子どもは、いままでの実験を踏まえて「ピカピカしているから」電気を通すという意見をいいます。実験してみると、アラザンの表面は銀なので、見事、電気はついて「え～～～」と叫び声がこだまします。少数意見をいってあたった子は誇らしげです。予想があっていたか間違っていたかには、あえて触れずに実験を進めます。

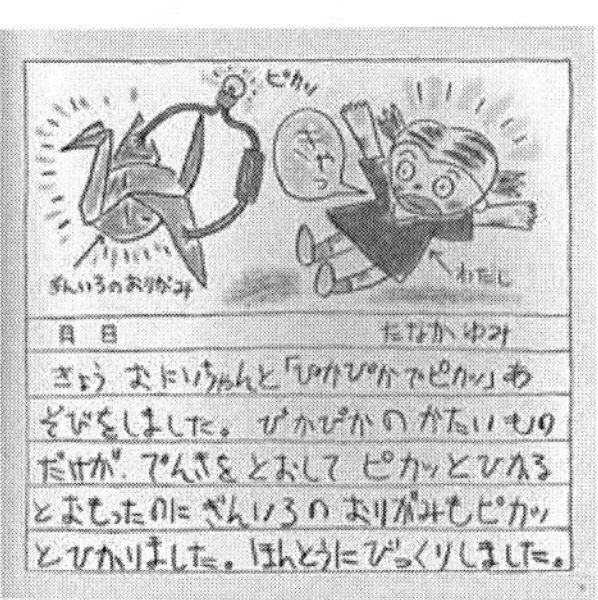

図2 『きんぞくたんけんぴかぴかでピカッ』より

科学あそびをしていて、予想があたると、子どもたちは「やった〜」と喜びますが、正解すればよいということではありません。自由に自分の意見がいえること、ほかの人の意見を聞けること、自分やほかの人のすばらしさに気づくこと、実際に実験してみることが何より大切です。そのなかで、子どもたちに「予想すること」「どうしてだろうと思うこと」「実際にやってみること」の楽しさを味わってほしいと思っています。

実は、ピカピカ光っている金属と黒鉛には、自由電子があって電気を通しやすいのです。空気や人の体は高電圧をかけないと通しません。それを確かめるために、最後に百人おどしを行います。

科学あそびが終わると、子どもたちはわたしの机のまわりにやってきて、実験に使った道具や、科学の本を手に手に、口々に話しかけてきます。少し仲よしになれて、とても楽しい時間です。「この本、売ってる?」「借りられる?」と聞いてくる子もいます。科学の本と実体験が科学あそびでつながった瞬間です。

科学読物研究会に所属して

わたしが所属している科学読物研究会は、科学と子どもの本に興味のある人たちの集まりで、科学の本の研究、普及活動を行っています。「すべての子どもに良質な科学の本を」という故・吉村証子の呼びかけで発足し、二〇〇八年に四〇周年を迎えました。吉村証子は科学者で、子育ての中で、子どものためのよい科学読み物がないことに気づき、自ら執筆するばかりでなく、書き手の養成とテーマの発掘に力をそそぎました。今では、会員は全国で約三〇〇人。毎月の例会や分科会を、おもに首都圏で開いています。会員のなかには、学校や地域で読書案内や科学あそびをしている人もおり、わたしも小学生や幼児、親子などを対象に年に二〇〇回以上、科学あそびを行っています。また、会では『科学の本っておもしろい第1～4集』(連合出版、一九八一～一九九六)、『新 科学の本っておもしろい』(連合出版、二〇〇三)、『科学あそびだいすき第1～3集』(連合出版、一九八七～二〇〇五)なども刊行しています。

会員はそれぞれの考え方で、さまざまな活動を行っていますが、子どもによい科学の本を手渡したいという思いは共通しています。今回、紹介する科学あそびと本の活用は、あくまでわたし個人のやり方と考え方にもとづいたものです。

科学あそびの対象は、やはり小学生が多く、小学校の行事や図書館、公民館、児童館の事業として行っているほか、小学校の授業として行うこともあります。さらに、公立中学校の二・三年生の理科選択の授業として行うこともあります。授業の場合は、学習指導要領との関係が問題になりますが、テーマは単元にそっていても、内容はその枠を超えることもあります。ただ、学校教育の単なる予習にならないように気をつけるとともに、そのテーマがあとあと学校教育で出てきた場合には、科学あそびの経験が活かされればよいと思っています。

またこのごろは、大学でも、科学あそびと子どものための科学の本について興味をもつようになり、サイエンスコミュニケーション論などの講座の中で、わたしもお話させていただいています。さらに大人のための科学講座や、保育園、幼稚園、小学校、中学校の先生方の夏の研修会や、図書館、児童館、福祉施設職員の研修会、科学あそびボランティア養成講座などにうかがっても、科学あそびと科学の本を楽しむことに関しては、年齢に関係がないと感じています。最近では未就園児と保護者の方を対象にした科学あそびのニーズも高くなっています。

科学あそびと科学の本

息子が小学生のときに通っていた「わかば科学クラブ」(故・名倉弘さん主宰の仮説実験授業のクラブ)で、『だれが原子をみたか』(江沢洋、岩波書店、一九七六)にのっている実験に関連づけて、おもしろい実験をしました。展望台の上から一〇メートルほどの長さのビニール管を使って、水柱がどのくらいまでのぼるかという実験と、長いビニール管で地面に置いたジュースを飲むという実験です。そのときは、子どもたちが水柱の高さを順番に測ったり、ジュースを飲むゲームを楽しんだりしただけでした。それが、数年後に中学の授業で大気圧についてのレポートをまとめたときに、息子はこの本を読み直して、ようやく実験の意味を納得し、本のおもしろさを実感したのです(図3)。

科学の本は、読むだけでも楽しいものもあります。また、読んでいたことを忘れていたその本が、ある日、今日の体験につながることもあります。逆に、ずっと前に体験したことが、今日読んだ本とつながるかもしれません。本と実体験は、科学あそびによって、車の両輪のようにつながるとわたしは思っています。そんな科学あそびをすることで、子どもたちに、より科学の楽しさを味わってほしいと考えています。

科学あそびの準備には、科学の本からテーマを探したり、実験の方法や説明の仕方を調べたりします。ものをつくるときにはその手順や材料、できあがったときの展示の仕方なども参考にします。科学あそびの導入や、途中の説明などで、実際に本の読み聞かせをしたり、いくつかのページを見せたりします。このとき使いやすい本は、写真や図が大きく、はっきりしたものです。また、参加者が自分でもっと調べたり、くわしく知ろうとしたりするときに役立つよう、とくにおすすめのページを見せながら紹介します。一度しか会えない参加者が、自分で興味を広げていけるように、科学あそびの中で必ず本を紹介しています。子どもたちに配布するプリントの最後のページにもおすすめの本を書いておき、家庭にもどってからも本を探せるよう配慮しています。科学あそびや実験は、一冊の本だけで完結するものはありません。参加者の興味もそれぞれに違うので、複数の本を用意する必要があります。

図３『だれが原子をみたか』より

科学あそびを始める前に、用意した科学の本を広げる子どもと、科学あそびをしたあとで、科学の本を広げる子どもとでは、後者のほうがその人数はずっと増えます。それればかりでなく、読みたいという気持ちがあふれ、目がいきいきとしています。体験した楽しさが本によって厚みを増し、さらなる好奇心と新しい体験をしたい欲求を生みだすのです。

このように、科学の本で間接的に体験したことと、実体験がつながれば、それぞれを、より楽しむことができるのです。本と実体験の間をキャッチボールのように自由に行き来することによって、相乗効果で本の魅力も実体験の楽しさも、何倍にも膨らみます。まさに「体験は育ての親」です。「昔、図書館でやった科学あそびはこのことか」という体験のポケットをふやすことが、自ら学ぶ楽しさに結びついていくのでしょう。

よい科学の本のポイント1——一つの真理をじっくり取り上げた本

科学あそびなどで出会う子どもたちと、さまざまな本を楽しんだ経験から、子どものためのよい科学の本には条件が三つあると考えています。第一に一つの真理をじっくり取り上げていることです。見開きで次々に、さまざまなジャンルについて説明する教科書的な調べ学習の本が、いま花ざかりです。このような本は、学校の授業などでは必要です。しかし、子どもたちが楽しむためには、一つの真理を子どものペースに合わせて、じっくりと伝えてくれる本をすすめています。

たとえば、『みんなうんち』(五味太郎、福音館書店、一九八一、図4)。「おおきいぞうはおおきいうんち　ちいさいねずみはちいさいうんち」とはじまり、最後は「いきものは　みんなたべるから」「みんなうんちをするんだね」と終わります。生物は食べて排泄するという、一つの真理を一冊の本でて

図4 『みんなうんち』より

いねいに、ユーモアとウィットに富んだ文と味わいのある絵で紹介しています。わが家にとっては、この本が子どもの科学の本とのファーストコンタクトでしたが「ひとこぶらくだはひとこぶうんち　ふたこぶらくだはふたこぶうんち　これはうそ」という文を、二〇年も経ってからサハラ砂漠のラクダのウンチを見ながら、家族で確かめることができました。さらに、親の介護が身近な年代になると、この本はまた別の深い意味ももってきます。よい本は、時空を超えて楽しめるということを、身をもって感じています。

よい科学の本のポイント2
――やさしくておもしろい本

難しくておもしろくない本や、やさしくておもしろくない本はたくさんありますが、やさしくておもしろい本は、当たり前のようでいて、案外そう多くもないのです。よい本は、子どもだけのものにしておく手はありません。

大人のための科学入門書としてもこれほどおすすめの本はありません。このごろ、大人対象のサイエンス教室などにも招かれることが増えていますが、そこでも入門書として、子どもの科学の本を必ず紹介しています。

たとえば『絵とき　ゾウの時間とネズミの時間』（本川達雄文、あべ弘士絵、福音館書店、一九九四）。同じ著者による同じテーマの本が、大人向けの新書『ゾウの時間ネズミの時間』（本川達雄、中公新書、一九九二）として先に出版されていましたが、まさに、その本のエッセンスが凝縮されて、わかりやすい言葉と、あべ弘士さんによるインパクトのあるカラーイラストでまとめられています。

『たんぽぽ』（平山和子文・絵、北村四郎監修、福音館書店、一九七六）は途中で横開きから急に縦開きになり、四ページにわたって長い根が描かれています（図5）。大人のための「子どもの科学の本の講座」などで紹介すると、感嘆の声が上がります。花が整列したページでは、一つのタンポポにいったいいくつの花が集まっているのか、つい数えてみたくなります。

『どうぶつのあしがたずかん』（加藤由子文、ヒサクニヒコ絵、岩崎書店、一九八九）は、動物園のさまざまな動物の実物大の足形が集められ、足形から、その動物の特徴を紹介していきます。クイズ形式で「この足形な～んだ？」と楽しむこともできます。

『ダンゴムシ　みつけたよ』（皆越ようせい、ポプラ社、二〇〇二）にはダンゴムシの体の拡大写真があり、クリーム色のダンゴムシの赤ちゃんがおびただしい数写っています。ダンゴムシの子育てなど知られざる生態も紹介されています。

どの本も、子ども向けの科学の本ですが、大人も思わぬ発見があって、知る楽しみを教えてくれる本です。

反対に、大人向けの本で、子どもも十分に楽しむことのできる本もあります。たとえば『星界の報告』(ガリレオ・ガリレイ著、山田慶児・谷泰訳、岩波文庫、一九七六)。ガリレオは、地動説を裏づける発見を一刻も早く人びとに知らせようと、この本を出版しました。岩波文庫の一冊で大人向けの本ですが、子どもも楽しめます。それは、ガリレオが手づくりの望遠鏡で観測して描いたスケッチが、何枚ものっているからです。月のスケッチが五点、木星と木星の周りをまわる四つの月(衛星)の位置のスケッチが六五点、オリオン座、スバル、オリオン大星雲も描かれています。また、あわせておさめられている『太陽黒点にかんする第二書簡』には、太陽の黒点のスケッチが三八点のっています。どれも、ガリレオが自分の目で確かめながら、スケッチしたものです。

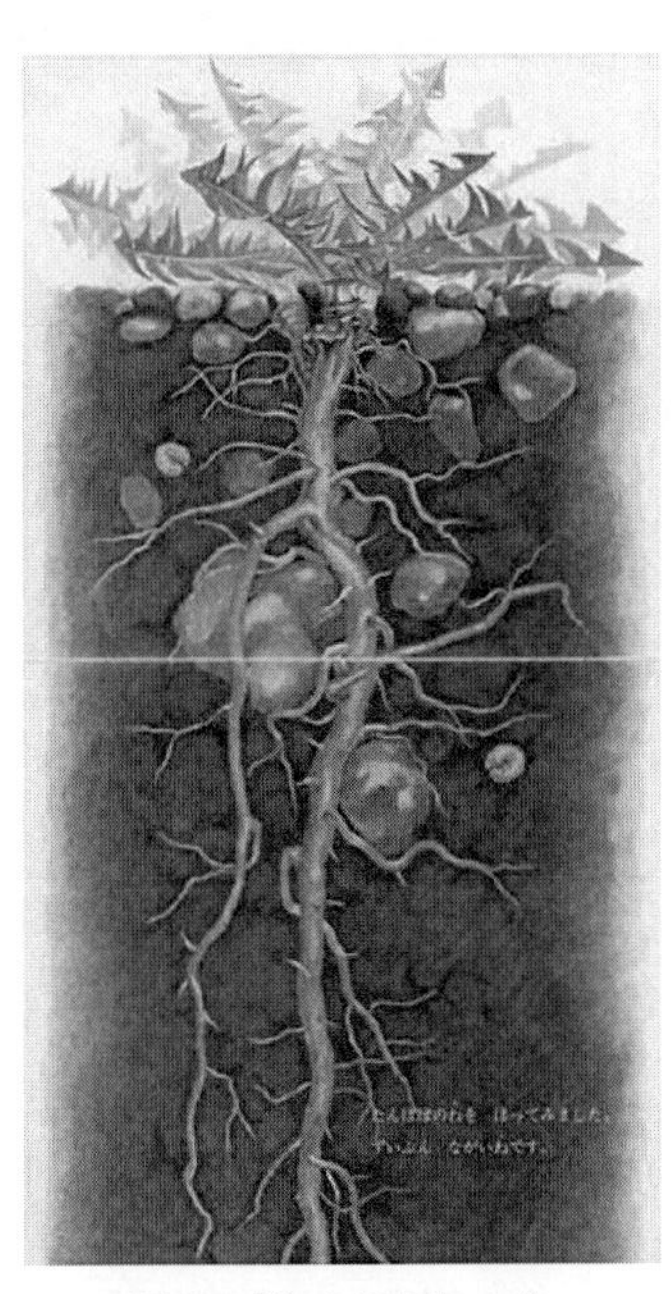

図５　『たんぽぽ』より

とくに月の表面や太陽の黒点は、大変ていねいに描かれていて、ガリレオ所有の性能のよくない望遠鏡で、よくぞここまで描けたものだと、あらためてガリレオの強い思いと、科学者としての卓越した観察力を知ることができます。宇宙時代ばかりでなく、近代科学の幕開きとなったこの本を、一度は手にとってほしいものです。

とくに子どもにとっては、外国の昔の科学者の本を、いまの日本で見ることができるというだけで、かなりインパクトがあるようです。月のクレーターのスケッチのページを広げて見せてまわると、子どもたちの視線が吸いよせられるように集まります。

よい科学の本のポイント3——だれにでも追体験できる実験ののっている本

だれにでも追体験できる実験ののっていることも、よい科学の本のポイントです。子どもが本にのっている実験をやってみたときに、紹介されているようにならなかったり、失敗したとしたら、どう思うでしょう。単にできなかった、つまらなかったというだけではなく、「やっぱり自分は、理科はだめなんだ」と思ってしまいます。単にできないものがのっているという罪だけでなく、もっと罪は重いのではないかと感じています。

実験や工作をのせる場合には、実際に子どもにできるかどうかを確かめていただきたいと思います。

一方、このポイントに「おやっ」と思われた方もいることでしょう。科学の本は、自分で体験できないことや、自分の目で見ることのできないものも見せてくれるからです。たとえば、ミクロの世界、果てしない宇宙空間、過去から未来まで時空を超えた世界。『大きな大きなせかい』(かこさとし、偕成社、一九九六)や、『ズームアップで発見』(ガリレオ工房編、大月書店、二〇〇三)、『世界昆虫記』(今森光彦、福音館書店、一九九四）、『もしも原子がみえたなら』（板倉聖宣他、仮説社、一九七一、新版二〇〇八）など、本だからこそ実現できた楽しみにあふれるものも多くあります。

カーソンに勇気づけられて

アメリカで、初めて大企業の公害を告発した女性科学者、レイチェル・カーソンはその著書『センス・オブ・ワンダー』（上遠恵子訳、新潮社、一九九六）の中で、こういっています。「知ることは、感じることの半分も重要ではない」。この言葉は、子育て中の母親として、科学的な質問に答えられないことに自信を失っていたかつてのわたしの背中を、強く押してくれました。夕焼けがなぜ赤く見えるのかを説明することより、まず一緒に「ほんとに、きれいなバラ色の空ね」と共感することのほうが、大切だといってくれているのです。そして、そばにいる大人が子どもに寄り添って、科学を楽しんだり、ふしぎがったりして共感することが、どれほど子どもの励みになり、自信を育てるか、カーソンは自分の甥御さんとの生活の中で、感じ取っていきます。それができるのは、なにもカーソンだけではありません。子どもの傍らにいて、科学の本を手渡そう、科学を一緒に楽しもうというすべての人をカーソンは勇気づけてくれます。

どうしてそんなふしぎなことが起こるのか、なぜこうなるのか知りたいと思ったら、科学の本を子どもと一緒に開いてみましょう。科学は少し苦手と敬遠していませんか。たくさんの知識を伝えなくてはと気負っていませんか。まず、共感して、本を一緒に開いてみてください。そこには、読んだ者の探究心と、さらなる体験をしたい気持ちを大きく押し広げる、新しい世界が広がっているでしょう。大切なのは、本の多少ではありません。そのとき、その人の興味にピッタリの一冊に出会うことです。みなさんがおもしろいと思った本がピッタリな本なのです。子どもに手渡そうとする人が、親でも、学校の先生でも、文庫の方や図書館員さん、児童館の先生、学校で読み聞かせをしている方がたでも、自分がおもしろいと思った本でなければ、子どもには見透かされてしまいます。

子どもの傍らにいて、子どもの興味のありかに気づき、その興味に合った本を手渡すことが、子どもにとっても、本にとっても最も幸福であると思っています。

気負わずに、敬遠しないで、一冊の好きな本から、科学と科学の本を一緒に楽しんでいきましょう。

おすすめの五冊

『みんなうんち』五味太郎、福音館書店、一九八一
『せかいのひとびと』ピーター・スピアー著、松川真弓訳、評論社、一九八二
『ドライアイスであそぼう』板倉聖宣・藤沢千之著、大画としゆきイラスト、国土社、一九九〇
『ふしぎないろみず』大竹三郎、岩波書店、一九八一
『ぼくのいまいるところ』かこさとし著、北田卓史絵、童心社、一九六八

第2部

科学の本を読む文化を

5　中学・高校生にこそ科学読み物を
——理科の授業に取り入れる

山岸悦子
やまぎし えつこ
立教女学院中学・高等学校

理科の教師として科学読み物を授業に取り入れ、中学生・高校生に読ませてきました。どのような書物を授業に取り入れてきたか、生徒に出した課題、中学生・高校生と読書の関係などについて紹介します。また、社会の変化に伴って起きている、生徒の生活・学習への取り組みの変化についても考えてみたいと思います。そして、わたし自身が出会った本の中から、いくつかの言葉を紹介し、科学の本を読む文化を育成していくための提言へとつなげていきたいと思います。

科学読み物と中学・高校生

中学・高校時代とはいったいどのような時期でしょうか。思春期ともよばれるこの時期は、人間の成長にとってきわめて大切な時間といえます。子どもから大人へと、心も身体も大きく変化し、成長を遂げ、親からは精神的に自立しようとし、将来の生き方についても真剣に考えるようになります。自分とは何かを問い、知的好奇心にあふれ、あらゆる刺激に対して敏感に反応し取り入れようとする時期でもあります。

書物との本格的なつき合いも始まります。本は、孤独な気持ちを抱え、深い思索の世界へ入っていくときの力強い友にもなるでしょう。本の世界は、自らの個性を磨く有効な足場であり、勇気や希望を与える存在でもあります。

この時期に、バランスよく、さまざまな分野の本を読むことをすすめています。本を通して、知識や考え方を吸収した満足感の体験、気持ちを鼓舞する出会いの体験を重ねることは、学習のモチベーションを高めることにもつながります。さらに、科学読み物との出会いは最先端の科学を理解する入り口になるかもしれません。論理的に考える必要性を痛感させてくれるかもしれません。科学者の考え方や生き方に感動したり、身の回りのさまざまな現象の見方が変わったりすることもあるでしょう。

カリキュラムに取り入れて読ませる

さて、具体的に、教科教育の中でどのように取り入れているかを紹介します。先日、「日本経済新聞」(二〇〇九年九月六日)で、大竹文雄氏(経済学者)の記事「『科学者の物語』さすがイギリス、質も量も」を興味深く読みました。大竹氏は、「日本の理科の教科書は薄い。その薄い教科書でさえ、既に多くのことが科学的事実として分かっているということに圧倒される。そのため、科学が既に完成されたもので新たに発見や発明をする余地がないように誤解してしまう」と述べています。そして、教科書に欠けている「物語」の部分を補うのが科学読み物であり、イギリスには『オックスフォード・サイエンス・ガイド』(ナイジェル・コールダー著、屋代通子訳、築地書館、二〇〇七)のような本があることを紹介しています。著者は、イギリスを代表する科学ライターです。彼によって、現代人にとって必要な科学知識一一二項目が厳選され、誰が何を発見したか、その発見によりわたしたちの生活はどのように変化したかが書かれ、一話ずつ完結したストーリーになっています。

確かに日本の理科の教科書は薄く(中学も高校も)、すでに発見されている法則の羅列のような印象を受けます。日本には教科書検定制度があり、多くの制約の中でつくられていることがその要因のひとつです。現場の先生方は授業の中で、それぞれの単元を膨らませ、生徒の興味関心を惹くように創意工夫をこらし、すでに発見されている法則でも、その発見に至るまでの試行錯誤や法則の意義を、ときには実験を交えながら熱く語り伝えているはずです。生徒は、科学的思考の方法をその中で体得していきます。

実際には、限られた授業時間の中で、教科書の内容を膨らませ、実験を行い、科学の読み物を取り入れていくことは大変なことです。わたしは、カリキュラムの流れに沿って、その都度、本を紹介していくようにしていますが、それぞれの単元に関連する本を、最初からシラバスに載せ、いつでも生徒が興味をもったときに、本を手に取れるよう工夫しています。また、夏休みなどの課題として科学読み物をすすめる場合もあります。何冊かくわしく本を紹介し、その中から選ぶというスタイルをとっていますが、よい本は、図書館で借りるだけでなく、可能な限り買って手元に置き、いつでもひもとくことができるようにしてほしいと願っています。そのためには、あまり高価ではなく、確実に面白い本を厳選して紹介しなければなりません。

課題を読んだあとは、いわゆる「読書感想文」ではなくレポートを提出させています。わたし自身が、子どものころに「読書感想文」といわれても、何をどのように書いたらよいのかわからず困ったという記憶があることも影響しています。

Ⅰ　なぜこの本を選んだか、その理由や選んだきっかけ、自分の興味関心について書く。
Ⅱ　読んだ本の内容を簡潔に紹介し、とくに新たに知ったことや興味深かった点を挙げる。
Ⅲ　自分が新しく知ったことについて、Ⅱの内容を発展させ、さらに深めて書く。
Ⅳ　全体のまとめ（感想を入れてもよい）。

このような構成で文章を書かせています。

木下是雄さんが『理科系の作文技術』（中公新書、一九八一）の中で指摘していますが、日本の作文教育では、「生き生きとした表現」や「感情」の部分が重視され、情報を間違いなく伝えるという報告・仕事の文章の書き方の教育はどちらかというと軽視されているように感じます。客観的にどのような本であったかを紹介し、感想は感想として意識して書くトレーニングも必要です。

これまで課題としてきた本を何冊か紹介します。まず、『科学と科学者のはなし――寺田寅彦エッセイ集』(池内了編、岩波少年文庫、二〇〇六)と『雪は天からの手紙――中谷宇吉郎エッセイ集』(池内了編、岩波少年文庫、二〇〇六)です。この二冊は、文体の古さはありますが、中学生でも読めるよう注もついています。読み続け、語り継いでいきたい本です。

『空気の発見』(三宅泰雄、角川ソフィア文庫、一九六二)は、コーヒー一杯より安く、生徒のお小遣いでも買える一冊です。小学生にも読める平易な文章で、酸素や二酸化炭素などの気体の発見物語が展開します。高校では、化学Iにドルトンの原子説やラヴォアジェの質量保存の法則が登場する科学史の部分がありますが、単なる暗記物にしてしまうには惜しい単元です。これらは、現在では何の目新しさもない過去の法則でしかありませんが、物語として読めば、科学者たちの試行錯誤やそれぞれの時代の人びとの考え方、科学と宗教のかかわり、真理の探究の意味などがわかる面白さがあります。高一では全員に読ませ、課題のプリントに記入してもらうという方法で、授業に取り入れています。

中学生に適当な科学の本はたいへん少なく、見つけるのに苦労します。小学生や高校生向きの本に比べ、中学生の好奇心を満足させ、負担にならないような読みやすい本は、そう多くはありません。そのなかで『素数ゼミの謎』(吉村仁著、石森愛彦絵、文藝春秋、二〇〇五)は、理科や数学が苦手な生徒でも容易に読むことができるだけでなく、生物の進化と数字の不思議が結びついた、探究心を刺激する一冊です。「最小公倍数」さえわかれば楽しめます。

ときには絵本も紹介します。学校の図書館におくようにしてありますが、中高生の知的気分転換には最適です。『切っても切ってもプラナリア』(阿形清和文、土橋とし子絵、岩波書店、一九九六、新装版二〇〇九)は人気の一冊です。これを読むようにすすめると、高校生からでも「夏休みに田舎でプラナリアを採集し育てている」という報告を必ず聞きます。

亡くなられた市民科学者・高木仁三郎さんが文を書いた絵本『ぼくからみると』(高木仁三郎文、片山健絵、福音館書店、一九九五)には、子どもが大人になったときに、物の見方がきちんとできるように、一つの見方に偏らないようにという思いがこめられています。著者の思いは読者の中で、ゆっくりと成長していくことでしょう。

よい科学の本でも、絶版や品切れの状況はすぐにやってきます。『ぼくらはガリレオ』(板倉聖宣、岩波科学の本、一九七二)と『だれが原子をみたか』(江沢洋、岩波科学の本、一九七六)は三〇年以上、多くの読者に愛されてきた本です。今は、品切れ・再版未定の状況のようですが、何年か前に新装版が出たときにはすぐに、わたしの勤務する学校の図書館に数冊を追加し、中学三年生の学級文庫のためにも購入しました(中三では、力学の導入と原子についての学習があるからです)。学級文庫には、各教科からのおすすめ本や修学旅行(平和学習)関係の本があり、生徒はノートに名前を記入し借りることができます。現在、中学三年生のすべてのクラスにこの二冊はおいてあります。

高校生に紹介した科学読み物

高校生になると、少し難易度を上げていきます。大人の読む本と同じものを含め、基本的には、理系、文系の進路に関係なく紹介します。教養として、あるいは科学的素養としての必要性は誰にとっても同じだからです。

前述の『理科系の作文技術』は、レポートの書き方を学ぶときの重要な参考文献です。「情報を間違いなく相手に伝える技術としての作文」の書き方は、すべての生徒に習得してほしい方法です。書く訓練から、論理的に考えるとはどういうことかも見えてきます。さらに、理系に進路を考えている生徒には、少々難易度は高いですが、『科学の方法』（中谷宇吉郎、岩波新書、一九五八）を推薦することもあります。

『二重らせん』（J・D・ワトソン著、江上不二夫・中村桂子訳、講談社文庫、一九八六）は、高校生に人気の一冊です。科学者達が決して聖人ではなく、非常に人間くさいところに驚きがあるようです。また、推理小説のように読み進むことができ、最後はノーベル賞をとる直前の高揚感まで味わえます。

ときには領域を広げ、『算法少女』（遠藤寛子、ちくま学芸文庫、二〇〇六）のような歴史小説を紹介することもあります。学問が、ひとりの少女の生き方を導いていくようすが描かれています。

さて、科学読み物を読んだあとの爽快感や新しい見方を得たという実感は、何に基づくものだろうかと考えてみました。三宅泰雄さんの言葉を紹介します。

（前略）科学的精神というのは、自分のなっとくできないことは、それが、どんなに、えらい人がいったことでも、また、たとえ、千人、万人が昔（むかし）から信じていることでも、あるいは、それに反対したために、牢屋に入れられようとも、自分で、目方をはかり、時計で測定し、そのうえで考えて、たしかに、自分の考えが正しいと実証したことを、なによりもたいせつにすることであります。

『空気の発見』より

どの科学読み物にも、根底にこの科学的精神が流れていることに気づかされます。ガリレオは、当時「たましいのようなもの」といわれていた空気の重さを測定し、物質としての空気の存在を明らかにしました。最後は太陽のまわりを地球が回るという地動説を唱え、カトリック教会と対立し捕らえられてしまったのですが、真理の探究とは、これほどの信念をもってまっとうされるものなのです。「科学的精神」に触れることは、中高生が自分の将来の生き方を考える上でも、ひとつの指針となるに違いありません。

活字離れの時代

科学の本は、大きな書店や専門書店に行かないと、ほとんど扱われていません。生徒が自分で探すのは難しいので、読ませるためには教師が内容を紹介し、授業の流れの中で興味を引き出していくしかありません。

活字離れの時代、子どもたちは本を読まなくなったといわれています。それでも、実際には多くの学校や町の図書館で、子どもを本に結びつけようという熱心な取り組みが行われています。図書館司書や司書教諭、また担任の先生、教科の先生方の熱心な指導もあります。読書は、直接的にも間接的にも学力の向上に寄与するもので、たとえば、朝の読書の報告からもその効果の程がうかがえます。

教科書、とくに中学校の理科の教科書は、いつのまにか絵本のようになってしまいました。本はビジュアル的でないと売れないといわれています。子どもたちは幼児期から、テレビやビデオの視覚化された情報に過剰なほどさらされ、言語的情報の処理能力が低下しているのではないかと危惧する声も聞かれます。国語力、言語の力は思考を司り、すべての学習の基礎となります。実際、学習で遅れをとる生徒は、社会にしても理科にしても、何を問うているのかを読み取れないため、問題を解くことにつながらないことがあるのです。

活字離れは子どもだけにおこっているのではありません。読書の価値を体で知っている大人の数が減少すれば、そういった文化的雰囲気は、次の世代へと受け継がれてしまうでしょう。試行錯誤を経て結論を導き出すのではなく、できるだけ効率的に簡単に答えにたどり着こうとする。そういった風潮が社会全体に蔓延していることを残念に思います。

この時代にこそ科学を

さて、この時代にこそ理科教育を充実させていかなくてはならない、科学の方法を身につけなければならないと感じています。

まず、知識としての必要性です。科学技術の進歩は目覚しく、わたしたちの生活には次々と最先端の技術が導入されています。たとえば、誰もが手にするようになった携帯電話。この小さな精密機械はまさに最先端技術の結晶ともいえるでしょう。パソコンも生活の中に入りこみました。機械に使われ振り回されるのではなく、道具として利用していくためにも、最低限のしくみを理解し、客観的に考える力が必要です。

毎日の食材はどうでしょうか。みなさんは遺伝子組換え食品を食べますか。自分で確信をもって、日々の食材を安全に選ぶことができますか。

医療面ではどうでしょう。重い病気にかかれば誰もが経験することですが、さまざまな治療法が提示され、最終的には自分で納得のいく方法を選ぶことになります。医師は検査結果の詳細を説明します。検査の数値からわかること、具体的な治療の方法、それぞれの療法のメリットとデメリットなど。療法の選択は、人生の選び取りともいえるほど大きな決断です。手術となれば何枚もの同意書にサインをします。選ぶ自由もあるけれど、その分、責任は自分にかかるわけです。みなさんは、その判断の足場をどこに築いたらよいと考えますか。

そして、論理的な考え方としての必要性です。将来どのような分野に進路を取るにしても、筋道の通った考え方、論理的に考える力は必要です。感情に流され一時的な情報に一喜一憂するのではなく、客観的に判断していく力が必要です。観察力やデータを読み取る力も養わなくてはなりません。科学の方法を得、論理的な思考方法を身につけることによって、先の見えないこの時代を生き抜いていく力を得ることができるのではないでしょうか。

二〇〇八年にノーベル物理学賞を受賞した益川敏英さんは次のように語っています。

（前略）「科学」とはどういう営為なのか？　それは人類にとって「自由の拡大」、どうしたらどうなるということを明らかにしていくことです。ですから、科学は人類にとってより多くの自由を与えるものだと、僕は思います。

（中略）科学は戦争にも使えるし、平和にも使える。それをどう使うかは、科学ではなく人間の問題です。

『教育を子どもたちのために』（岩波ブックレット７６４）より

論理的に考え抜く力は未来を予測し、可能性を判断する力となるでしょう。戦争にも平和にも使えることを含めての自由を、人間はより一層理解し、自らの問題として向き合っていかなくてはなりません。

わたしは女子校に勤めていますが、実は、女子の理系進学者は全国的に増加傾向にあります。これは、専門的な職に就けるということもありますが、地に足のついた生き方を彼女たちが目指していることの表れでもあると感じています。本当に重要なことを見抜き、自ら考え、自分の判断で責任をもって行動していく力を養うには、理科の素養が非常に大切であると考えます。

そこで、思いおこされるのが、宮沢賢治の「われわれはどんな方法でわれわれに必要な科学をわれわれのものにできるか」という言葉です。高木仁三郎さんがその著書の中でいく度となく引用されていたので、ご存知の方も多いと思います。

理系・文系の枠を超えて、科学的思考の方法、科学の知識、科学への理解をわたしたちは自分のものにしなくてはならないと思うのです。中学生・高校生はもちろん、大人もそうでしょう。そのための有効な方法が、具体的には科学の読み物だと思うのです。

読書をする環境を子どもたちに

最後に、科学の本を読む文化を定着させるための具体的提言として、「学校図書館の整備」と「読書の時間と空間を子どもたちに与える」の二点を挙げたいと思います。

先日、「朝日新聞」の社説(二〇〇九年一一月三日「「学校図書館」知の入り口の整備急げ」)に目が留まりました。公立学校の本の量の不足が問題になっています。文部科学省が定めた標準に達しているのは、公立小学校で四五パーセント、中学校で三九パーセントであるということです。さらに、必要な本を選び管理し、その本を活用する方法を子どもに伝える専門家が不足していることも指摘されています。司書教諭はいても、多くの場合、学級担任との兼任で、十分に機能していないのが公立学校の実状ということです。また、専門の学校司書という職員がいる公立小中学校は四割に満たず、しかもその八割は非常勤。公立学校の学校図書館は国民全体にとって、まさに「知の入り口」です。限られた予算が、必要な場所へ的確に、それも本当の意味で子どもたちのために用いられることを願います。

次に、子どもに読書の時間と空間を与えるということです。とくにわたしが危惧しているのは時間です。インターネット、携帯電話、メールは爆発的に社会に浸透し、子どもたちの生活習慣にも大きな影響を与え、大混乱を招いているといえます。携帯電話会社などの宣伝にのせられて、いわれるがままに、子どもに与えていませんか。

子どもの生活習慣はどうなっているでしょう。メールチェック、返信して、また返信が来て、といったことに費やす莫大な時間。パソコンの前から離れられない子どももいる。ネットに没入しているときの子どもは別人のようになる。読書より、はるかに簡単に手に入る刺激的な情報があふれています。子どもたちの落ち着いた時間を取りもどすことは、大人が責任をもって取り組まねばならない社会全体の問題です。

科学の本を読む文化を

市場原理が教育の現場にまで押し寄せるようになってきました。二〇〇七年から実施された全国一斉学力テスト(全国学力・学習状況調査)は、結果として学校間の競争を加速させ、全国レベルでの序列化が進みました。それらに伴う成果主義の導入は、教師と生徒の関わり方にも大きな影響を与えています。教育とは、本来、結果はすぐには出ない営為であったはずです。すぐに出せといわれれば、目に見える数値の競争になる。実績を確認することは必要ですが、何で何を測るかは慎重にしなければなりません。

子どもたちの学習意欲を向上させる方法は、競争原理だけではないはずです。内発的な学習への意欲を育てる、知的好奇心を刺激する、友人や地域の人びととの交わりの中で気づくことも多いはずです。中学生・高校生の時代は「自分をつくる」時間であり、学校は、教師と生徒の人格的な交わりの中で一人ひとりの成長のプロセスと共に歩む場であったはずです。

一九八七年にノーベル生理学・医学賞を受賞した利根川進さんの言葉を紹介します。

（前略）最近の研究によると、知性をあつかう脳の部分を十分に発達させるためには、感性をあつかう脳の部分とのつながりが重要である、ということがわかってきています。二つの部分にはひじょうに密接な神経線維のつながりがあり、このつながりを通じて知性と感性が両方発達していかなければ、知性そのものがうまく機能しないということがわかってきたのです。

『私の脳科学講義』（岩波新書）より

この言葉は、教育の未来を考えていく上での大きなよりどころとなるのではないでしょうか。利根川さんはさらに、「日本の現在の教育は、いわゆる知力とか知識だけにひじょうに重きをおいています。偏差値にひじょうに大きな価値をおく社会になっています」と指摘しています。

柔軟な思考力、他者に共感する力、そして時空を超えた想像力。めざすべき学力とは、それらを含む総合的な人間力であり、本を読むという行為の中で養われる部分は大きいはずです。前述の『オックスフォード・サイエンス・ガイド』を手に取ると、わたしも「さすがイギリス」と感じます。ニュートンやダーウィンといった巨匠を生み出した歴史は、科学に対する価値観を文化の中に浸透させているのでしょう。

豊かな教養に支えられた社会、科学の本を読む文化を形成していきたいものです。

おすすめの五冊

『世界のたね――真理を追いもとめる科学の物語』アイリック・ニュート著、猪苗代英徳訳、日本放送出版協会、一九九九

『空気の発見』三宅泰雄、角川ソフィア文庫、一九六二

『理科系の作文技術』木下是雄、中公新書、一九八一

『元素の小事典』高木仁三郎、岩波ジュニア新書、一九八二、新版、一九九九

『ロウソクの科学』マイケル・ファラデー著、矢島祐利訳、岩波文庫、一九五六。角川文庫、三石巖訳、一九六二

コラム　なぜ売れないの？　科学の本

「最近売れた本を確認してみたら、理科的かなという本は全体の三・八パーセントでした」。書店員として、日々読者に接している教文館児童書売り場「ナルニア国」の土屋智子さんが、第二回科学読み物シンポジウムでおっしゃったこの数字。お話のなかで、この小ささの背景は単純ではないことに気づかされました。

まず、「科学やノンフィクションの本に苦手意識をもつ司書が多い。本が好きな子は「理科だから読まない」なんて隔てはしません。でも、本をすすめる立場の人に、苦手意識の根深さがあります」と土屋さん。さらに、つくる側にたいへん耳の痛かった「読めるノンフィクションを出している会社はごく少数。さらに、いい編集がなされていない。いい編集者もいるけれど、年何冊というノルマがあれば、一冊に手をかけていられない。いいところが引き出されきっていない、もったいない、そういう本がすごく多い」「子どもの読書力が落ちている、と言われますが、それは子どもの責任ではありません。いい本がないから育たないのです。子ども自身は何も変わっていません」。

こうした状況を変えるヒントは次のお言葉に隠されているような気がします。

「難なく身につけてしまった人にはわからないのですが、読書にはじつは技術がいります。子ども一〇パーセントは、手をかけなくても本を読みます。残りの九〇パーセントに届けるには、環境の整え方が大切です」「以前、ちょっとした科学館のような展示をしてみました。科学読物研究会のメンバーに説明員に入ってもらったのが、とてもよくて、子どもがすごく生き生きしました。仲をとりもつ人があって、はじめてものが生きるのを実感しました」。

みなさん、どう思われますか？

塩田春香（岩波書店）

6　物語絵本や児童文学を楽しむように

辛島　泉
からしま　いずみ
大分・児童文学と科学読物の会代表

はじめに——子どもたちは科学読物が大好き

「児童文学と科学読物の会」は、子どもたちに科学読物の楽しさや科学の世界の不思議や面白さを伝えたいと活動している読書会です。ここでいう科学読物とは、科学絵本も含めた子どもの科学の本全般を指します。

子どもたちは出会う機会さえあれば、科学読物が大好きです。でも、子どもの本の世界で科学読物が市民権を得ているかというと、決してそうではありません。なぜでしょう？　子どもの本が好きで、子どもたちに読書の楽しさを伝えたいと活動している人の大多数が、科学読物にはあまり関心がなく、科学と聞いただけで苦手意識が先立ち、敬遠してしまうという実情があります。また、図書館や学校の図書室、そしてとくに地方にいくほど書店に優れた科学読物が置かれていないという、もうひとつの現実があります。

科学読物は、子どものまわりにいる大人が科学に関心をもっていたり、科学読物に興味があったりしないと、なかなか子どもの手に渡りません。科学読物に関しては、子どものまわりにいる大人の役割が大変大きいといえます。

日本ではじめての科学読物『訓蒙窮理図解』

科学読物(子どもの科学の本)にかかわる活動をしているわたしたちが、大分県人としてひそかに誇りにしていることがあります。それは、日本最初の科学読物といわれている『訓蒙窮理図解』を著したのが、あの一万円札の福沢諭吉だということです。諭吉は大分県中津市の出身です。

諭吉が『訓蒙窮理図解』を出版したのは、明治元年(一八六八年)のことです。訓蒙とは、子どもや初心者に教え諭すこと。窮理は、今でいう科学一般、主に物理学のことを指します。タイトル全体では、「初心者や若い人に物理現象を図解に基づいて教え諭す」という意味です。諭吉の数ある著作の中でも、自然科学に関するものはこの一篇だけ(上・中・下三巻)、ほとんど世に知られていない小篇です。

では、なぜ彼は『訓蒙窮理図解』を著したのでしょうか。幕末から明治の初期の激動の時代にあって、日本が国際社会の中で生き残っていくには、科学に基づいた論理的思考が不可欠であると考えたからです。諭吉は、欧米からもち帰った数冊の物理学の原書を参考に、身のまわりで起こっている自然現象の成り立ちについて、初心者にもわかるようにやさしく解説しました。物理学を重視する理由として、真に大切なことは、知ることより理解することである、この理解するという思考の仕方を、物理学を学ぶことで体得せよと、わたしたち日本人にすすめたのです。

当時から一四〇年を経た今日、果たして諭吉が描いたような科学の基本原理を理解するような教育が日本でなされているでしょうか。わたしたち大人に、論理的思考や科学的素養（科学リテラシー）は根づいているでしょうか。諭吉っつぁんに申し訳ないというのが現状なのではないでしょうか。

科学読物との出会いと「児童文学と科学読物の会」発足

児童文学と科学読物の会の活動は、二〇一〇年に二〇年目を迎えました。その歴史とともに、どのようにして活動が発展してきたかを紹介します。

一九七五年、日本子どもの本研究会が主催する「全国子どもの本と児童文化講座」が大分市で開催されました。その折、科学読物研究会創立者の一人である吉村証子先生との出会いが、わたしが科学読物を知るきっかけになりました。吉村先生は、「科学読物は単なる知識の本としてではなく、次に知りたいという興味や疑問をもたせたりする行動の一部として利用したい」と述べられました。今もわたしが科学読物を選ぶ指標のひとつにしている言葉です。

翌年、吉村先生のすすめで科学読物研究会と日本子どもの本研究会に入会しました。地元大分では、二つの読書会（小さい波読書会・大分子どもの本研究会）に所属して子どもの読書に関わる活動を続けていましたが、科学読物の魅力をもっとたくさんの子どもたちに伝えたいと、一九九一年、仲間二人と「児童文学と科学読物の会」を創立しました。「科学の本も物語りの本も」読みたいと、素直に命名しました。一九九五年、伊藤忠記念財団から助成金を交付されたのを機に、科学読物を中心にそろえた文庫をわたしの家の離れに開設しました。名づけて「科楽知文庫」。「科学を楽しんで知ろう」という意味です。文庫は活動拠点でもあり、科学あそびの雑多な材料置き場でもあります。

また同年、会報「科楽知タイム」を創刊。二〇一〇年二月現在、七二号まで発行しています。

子どもたちと科学の本の楽しさを、科学する喜びを

一九九六年、岐阜物理サークルのらねこ学会（岐阜県の高校物理教師のサークル）の先生方をお招きして、五周年記念「親と子のわくわく科学ひろば」を開催しました。

それまでは、「子どもたちに」科学読物や科学あそびを広めなくてはという使命感に駆りたてられて活動していたのが、のらねこさん（わたしたちはそう呼んでいます）に出会ったことで、自分たちが科学を楽しんでいれば、楽しさはそのまま子どもたちに伝わるのだと、肩の力が抜けて心から科学を楽しめるようになりました。会のモットーが、「子どもたちに……」から「子どもたちと科学の本の楽しさを、科学する喜びを」になった転機でもあります。

「親と子のわくわく広場」は当会にとってだけでなく、のらねこさんの活動にも一大転機をもたらしたようで、その経緯は『科学が取り持つ〝大分さん〟とのふしぎな出会い！――のらねこ・科学ひろばの一大転機』（岐阜物理サークル編著、二〇〇六）にまとめられています。「科学」の楽しさを伝え

るという同じ思いをもった仲間が自分たちもおおいに楽しむことが、科学を文化として楽しむ一番の基本になるのではないでしょうか。二〇〇一年には、一〇周年記念「のらねこ学会in Oita」を開催。のらねこさんとの熱い交流は今も続いています。

全国の同じ志をもつサークルが交流することで、新たな方向性を見出す機会になりますし、何よりお互いが元気になります。

絵本の読み聞かせ・テキストの輪読・課題書のレポート

現在、会員は五〇人ほど(会報会員を含む)。大分市を中心に県下にまたがっています。会員の多くは、地域で読み聞かせや科学あそびなど、読書活動の中心的役割を担っている人たちなので、会の活動のすそ野は広いと自負しています。「科学」が好きで入会した人は意外と少ないのですが、活動を通してほとんどの人が「科学ってこんなに面白いものだったの!」と、科学読物や科学あそびに夢中になるのです。そんな人たちの好奇心や情熱が、会のエネルギーになっています。

ノーベル物理学賞を受賞された小柴昌俊氏は、「科学は習っているだけでは楽しくない。自分で考えてやってはじめて、面白いと思えるものだ。どういう大人が周りにいるかということだ」とおっしゃっています(『物理屋になりたかったんだよ――ノーベル物理学賞への軌跡』小柴昌俊、朝日新聞社、二〇〇二)。また、「科学って面白いと感じさえすれば、その子は一生科学が好きになる」とも。子どもだけでなく、大人にもいえる言葉だと思います。

会の柱になるのは、毎月一回行っている例会です。絵本の読み聞かせにはじまり、テキストの輪読、続いて課題書のレポートという構成です。担当者は二〜三人。テキストとしては二〇〇四年から、『生命40億年全史』(リチャード・フォーティ著、渡辺政隆訳、草思社、二〇〇三)を読んでいます。課題書は、年に一度の総会のときに読みたい本をもちより、その中から各月一冊ずつを決め年間計画をつくります。科学読物、児童文学、評論、そして科学あそびなどがバランスよく決まります。各月の担当者は課題書を読み込み、それぞれの切り口でレポートします。どんな切り口でこの一冊を料理してくれるのか、いつも楽しみでワクワクしながら参加します。参加者の読後感を聞くのも楽しみのひとつ。ある程度、評価の定まった本でも一刀両断ということもあり、それぞれの生活体験や人生観も反映して、エキサイティングな議論が展開します。

たとえば、二〇〇九年一〇月の例会の課題書は『世界を動かした塩の物語』(マーク・カーランスキー文、S・D・シンドラー絵、遠藤育枝訳、BL出版、二〇〇八)でした。塩をテーマに世界の歴史をわかりやすく描いた絵本で、大人向けの元本『「塩」の世界史——世界を動かした、小さな粒』(マーク・カーランスキー、山本光伸訳、扶桑社、二〇〇五)は、アメリカで大ベストセラーになっていました。

担当者のKさんは、①「塩」をテーマにした児童向けの本一三冊と一般向けの本一三冊の内容をブックトーク形式で紹介し、②日本の塩の歴史を表にまとめてレポートし、③集めた国内ブランドや海外の塩のサンプル七種類をお土産に準備してくれました。①のブックトークでは、必ず二〜三冊は琴線にふれ、「読んでみたい!」本に出会えます。そこからまた読書の楽しみが広がります。

もう一人の担当者Uさんは、①現在、一般に行われている製塩法であるイオン交換樹脂膜製塩法の原理、②食塩が人体でどのような生理的機能を果たしているかをくわしくレポートしました。

例会は、いつも楽しいオマケつき。このときは、クリスマス島の塩を使用した手づくりの塩生キャラメルと、信州名物塩羊かんでした(担当者の郷里は信州。越後の上杉謙信が交戦中の甲斐の武田信玄に塩を送ったという故事にちなむそうです)。大きな声ではいえませんが、飲食禁止の県立図書館研修室で、みんなで美味しく食したことはいうまでもありません。

レポートに実験が入ることもあります。福岡伸一氏のベストセラー『生物と無生物のあいだ』(講談社現代新書、二〇〇七)を課題書にしたときは、Mさんが、ごく身近にあるものを使って「エタノール沈殿法による玉ネギのDNA抽出実験」を披露しました。材料は玉ネギ、台所用洗剤、塩化ナトリウム(塩)、エタノールなど。器具は台所ボール、手回しミキサー、コーヒーフィルターなど。どこの台所にも転がっている、ごく身近な材料や器具を使って、簡単に玉ネギのDNAが取り出せることにみんな驚き、感激しました。

科楽知クラブ・野外活動・科学あそび

ほかに、科学あそびの研究会である科楽知クラブ、年に一~二回、親子で海や山に出かける野外活動、科学あそびといった活動も行っています。科学あそびの会は、市内の公民館や図書館など三カ所で定期的に行っています。科学あそびの前には必ず科学絵本の読みきかせをします。終了後は、その科学あそびに関連する本を紹介して、科学あそびを科学読物に結びつけるよう心がけています。

県内外の図書館、学校、公民館などから頼まれて、年に五～六回、科学あそびの出前もします。参加者は三〇人くらいのときもあれば、親子で一二〇人というものまでさまざまです。参加人数に合わせて会員から五～一〇人をスタッフとしてそのつど募集します。スタッフ用のレジュメがあり、事前に勉強会も行いますので、入会して間もない人もスタッフに加わることができます。スタッフ用レジュメはそのつどみんなで検討を重ね、練り直し、今も進化し続けています(図1)。

県内外の図書館や学校、読書グループなどからの依頼で、科学読物についての講演や講座の講師を引き受けることも多くなりました。講演の中では簡単な科学あそびも紹介します。科学読物と科学あそびは、会の活動では車の両輪のようなものです。講演や講座には、読み聞かせをする人や(自称)マネージャーも同行します。そうすることで、次の世代への橋渡しや、すそ野の拡大、会の継続につながると考えるからです。

このような会の活動のようすは、年に四～五回発行する三〇ページ程度の会報「科楽知タイム」にまとめて報告しています。

理科の授業に科学読物を

多くの科学読物を読んできた経験から、いくつかの提案をしたいと思います。

『モグラはかせの地震たんけん』(松岡達英作・絵、松村由美子構成、溝上恵監修、ポプラ社、二〇〇六)は、二〇〇四年一〇月の新潟県中越地震被災者である著者が被災をきっかけに地震に興味をもち、著された本です。最新の地球熱学に関する理論も盛りこまれ、地震のメカニズムが子どもにもわかるように書かれています。たとえば、①マグニチュード四・〇以上の震源分布世界地図の赤いプロット(一九七五〜九四年)と、②プレートとプレートの境目の青い線を重ねると、赤い点と青い線がぴったりと重なります。地震がプレートの境で起きることが一目瞭然です。「地震を起こすのはプレートの動きだ」ということが理解でき、容易に頭に入ります。

一方、教科書では地震はどのように教えられているでしょう。大分県の場合、「大地の変化」の項で中学一年生の最後に学習することになっています。教科書では地震が起きるメカニズムよりも、地震後の災害のこと、S波・P波の速さの計算など、数理的処理に重点が置かれています。また、①の図はありますが、②と重なるという記述はどこにもありません。これでは「地震を起こすのはプレートの動きだ」ということを知識として覚えるしかありません。果たして子どもたちは地震のことを興味深く学べるでしょうか? 実際に中学生にはこの絵本は「とてもわかりやすく、面白かった」と好評でした。学校の副教材として活用してはどうでしょう。わたしたち大人にも地震を理解する上でとっても役立つ本です。

自分の目で見たり確かめたりできるテーマの本

科学読物研究会の小川真理子と赤藤由美子は『科学よみものの30年——そのあゆみとこれから』(連

	内容	注意事項	道具・材料
全体 20分	**前のテーブルでデモンストレーション** 1. 固体，液体，気体の説明 固体のようでもあり，液体のようでもあるふしぎな物体 スライムであそぼう（粘弾性物質） 2. 多量のスライムを作る PVA のり：水：硼砂の飽和水溶液＝1：1：1/3 子ども達にさわらせる（のびる，ちぎれる，冷たい） 3. スライムの作り方（フィルムケースを使う）の説明	時間配分に気をつける スタッフ・子どもともに予め手をよく洗っておく	ボール すりこぎ 水 硼砂の飽和水溶液 PVA のり 計量カップ フィルムケース 3 プラコップ 1 割りばし 1
グループ 40分	**グループに分かれて，それぞれのテーブルで各自やってみる** 1. スライムを作る ①絵具で色付けしたスライム２色 ②食紅で色付けしたスライム２色 ③透明・不透明を確かめる （牛乳パックの柄を使う） 2. スライムであそぶ ① 立体マーブリング 絵具（混ざり合わない），食紅（混ざり合う） ②うつし絵	各自，コップに作る フィルムケースを整頓しながら作る 割りばしの先に絵具を付けてまぜる	ペットボトル(500ml) (　)本×(　)グループ ・水２本 ・食紅２本 ・硼砂３本 PVA のり (　)本×(　)グループ プラスチックコップ １人４個 割りばし１人４本 絵具（赤・緑） フィルムケース (　)個×(　)グループ 牛乳パック

	③スライムで風船を作る		水性ペン ストロー 持ち帰り用ビニール袋
全体 30分	**まとめ** 1. 食塩と酢を使ったスライムの網目構造の実験 塩 スライム ／ 酢 スライム ふたをして上下によく振る →縮むスライム 絵具→透明な水，食紅→色水 ふたをして上下によく振る スライムは溶けて水のようになる 2. スライムの説明　網目構造　高分子化合物 3. スライムの仲間＝高吸水高分子化合物（ポリマー）は どこに利用されているか →紙おむつ，保冷剤，保水剤（緑化） 4. 参考図書紹介 5. 真っ黒スライムの実験　（砂鉄——四酸化三鉄） ・ PVA のり＋水＋砂鉄＝1：1：1　に硼砂の飽和水溶液を入れてよくまぜる ・ 磁石に付くスライム	食塩の実験は同じ色でする 手を洗っておく	蓋付き透明ビン 塩用：2 個，酢用：1 個 食塩，酢 網目構造の模式図 紙おむつ 保冷剤 参考図書 砂鉄 ネオジム磁石

※ 準備：名札（スタッフ），雑巾，ゴミ袋，シート，セロテープ，ペーパータオル，バケツ

図 1 「ふしぎな物体 “スライム”」 スタッフ用レジュメ（所要時間 90 分）

合出版、二〇〇〇）の中で、科学読物に書かれているテーマには「自分の目で見たり確かめたりできるテーマ」と「自分の目で見たり確かめたりできないテーマ」があると述べています。

「自分の目で見たり確かめたりできるテーマ」の本はたくさんあります。動・植物の本や、観察・実験をして確かめることができるもの、科学的な工作や、科学あそびの本も入ります。

たとえば『まほうのコップ』（藤田千枝構成、川島敏生写真、長谷川摂子文、福音館書店、二〇〇八）は小さい子ども向けの科学あそびの本ですが、手に取ったらすぐに確かめてみたくなる本です。水の入ったコップの後ろに身近なものをいろいろ置いて、形の変化を楽しむのですが、大人も十分楽しめます。幼い子どもたちの感性をくすぐるこのような美しい本は大事です。

『ライト兄弟はなぜ飛べたのか――紙飛行機で知る成功のひみつ』（土佐幸子著、さ・え・ら書房、二〇〇五）は、実際に紙飛行機を折り、飛ばして、空気より重たいものが浮かび、飛ぶ原理を学ぶ本です。鳥のように空を飛びたいという願いは大昔から人間の夢でした。一〇〇年前、その夢を実現させたライト兄弟は、どんな工夫や苦労をして夢を実現させたのでしょうか。本を参考に実験することで、ライト兄弟の成功の過程を共体験できます。最近は調べ学習対応のビジュアル本が多い中、このようにキッチリ組み立てられて、実際に科学の楽しさを体験できる本格的な本はとても貴重です。

自分の目で見たり確かめたりできないテーマの本

『小さな小さなせかい――ヒトから原子・クォーク・量子宇宙まで』（かこさとし、偕成社、一九九六）

は、ヒトの大きさから出発して、一ページごとに一〇分の一ずつ小さくなる世界を見てゆきながら、分子から原子、最後は量子宇宙までたどり着くことができる本です。逆に『大きな大きなせかい――ヒトから惑星・銀河・宇宙まで』(かこさとし、偕成社、一九九六)では、ヒトから出発して一ページごとに一〇倍の大きさの世界が展開するのを追っていくと、いまいちばん大きく、広い世界である宇宙までたどり着くことができます。

読者はいながらにして、この二冊の本で10^{-35}～10^{27}の世界を想像力に導かれて旅することができるのです。開くたびに新しい発見があり、何度見ても飽きない本です。長く品切れだった本書は、二〇〇八年に再版されました。何でもノーベル賞効果とか。クォークの項には小林誠氏、益川敏英氏、南部陽一郎氏のノーベル賞受賞の記述が加えられ、ニュートリノに質量があることをつきとめた小柴昌俊氏の記述も加えられました。

宇宙や進化、恐竜など「自分の目で見たり確かめたりできないテーマ」については、小学校の教科書で扱われていないので、この分野は科学読物の独壇場です。

大人も楽しむ科学読物

科学は苦手だという人に、わたしは科学読物(子どもの科学の本)をすすめています。科学読物は大人にとっては格好の科学入門書であり、科学啓蒙書でもあります。

科学読物はおおむね、段階を追って簡潔に事実や本質が述べられているので、読みやすいし、理解しやすい。どれもそれほど大部ではありませんし、絵や写真を多用しビジュアルなので気軽に読めます。同じテーマの本を何冊か読めば、基本的な知識を手に入れることができるし、何よりも知らないことを知る喜びがあります。

「科学に興味をもち、科学的な知識を手に入れると社会を見る目が変わる」といった人がいます。「もうひとつの考え方があるのではないか」とたくさんの視野でものを見るようになるし、確かめようとするので、社会を多面的にとらえられるということでしょう。

図書館や書店の科学入門書コーナーに、科学読物を置いてもらうというのはいかがでしょう。

おわりに――文化としての科学を求めて

ご存知のように一五歳児を対象とした「OECD生徒の学習到達度調査(PISA)二〇〇六」では、日本は五七カ国・地域中、科学リテラシーの平均点は六位でしたが、「三〇歳になったときに科学技術に関係した仕事についているか」に「イエス」と答えた数は、最下位というショッキングな内容でした。一方、一八歳以上の大人の「科学技術の基礎的な概念理解度」調査(二〇〇一年)でも、日本は一五カ国中一三位というお寒い状況でした。

しかし一方、わたしたちが催す科学あそびの会は、いつも、どの会場でも、どんな年齢の子にも大好評で、とても楽しんでくれます。子どもばかりではありません。一緒に参加した大人も興味津々。夢中になって子どもと楽しむ姿を目のあたりにすると、人間は本来、知的好奇心をもった存在なのだと、わたしたちの方が感動してしまうほどです。先の科学リテラシー調査の結果と、科学あそびを楽しむ親子の姿のこのギャップは何に起因するものなのでしょうか。それは多分、明治以降、日本が追い求めて来た科学教育の目的論に問題があるのではないかと思うのです。

バナール(一九〇一～七一年、イギリス出身の物理学者、思想家)は、その著書『歴史における科学』(J・D・バナール、鎮目恭夫・長野敬訳、みすず書房、一九五六)の中で、社会と科学の関係において、いろいろの面から見た科学の姿を次のように分析しています。

① 多くの人に職場を与える制度である「制度としての科学」
② 真理を発見する方法を教えてくれる「方法としての科学」
③ 過去から累積された知識の積み重ねである「知識としての科学」
④ 物をつくる基礎・手段になる「生産力としての科学」
⑤ 宇宙や人間の見方の源泉となる「思想としての科学」
⑥ よろこびの多い人間的な活動、営みのひとつである「文化としての科学」

バナールのいう「生産力としての科学」、国が追い求めてきた「技術者養成のための科学」を追求することから脱却して、知的好奇心をもった人間という存在にふさわしい「文化としての科学」という側面に視点をシフトさせて、教育や社会のあり方を考える、そんな取り組みが、いま日の目を見つつあります。わたしたちの会の活動もそのひとつですが、各地の草の根で行われてきた科学ひろばや、いま注目されているサイエンスカフェなどの試みもそうでしょう。

誰もが文学や絵画や音楽を文化として楽しむように、科学や科学読物もひとつの文化として楽しめたら、どんなにそれぞれの人生が、そして社会が知的で豊かなものになるでしょう。「科学と社会」の問題を自分のものとして考える姿勢も、その中から生まれてくるのだと思います。

科学を育む芽は好奇心と感動にあるといいます。これからも子どもたちと好奇心や感動を分かち合える大人であり続けたいと願って、わたしたちの活動を続けていきたいと思っています。

おすすめの五冊

『かぜはどこへいくの』シャーロット・ゾロトウさく、ハワード・ノッツえ、まつおかきょうこやく、偕成社、一九八一

『きゃべつばたけのいちにち』甲斐信枝、福音館書店、二〇〇九
ほかに『ひがんばな』(一九八二)、『こがねぐも』(一九八四)など、甲斐信枝の草花と虫たちの優れた本が、福音館書店から多く出ている。

『小さな小さなせかい――ヒトから原子・クォーク・量子宇宙まで』かこさとし、偕成社、一九九六

『大きな大きなせかい――ヒトから惑星・銀河・宇宙まで』かこさとし、偕成社、一九九六

『もっとはやいものは――スピードのはなし』ロバート・フローマンぶん、アーノルド・スピルカえ、大平雅章やく、福音館書店、一九六八

7　科学する心
――社会的基盤としての読書

川本裕子
かわもと　ゆうこ
早稲田大学大学院教授

わたしはいま、大学院のファイナンス研究科で主に金融について教えており、「欧米の金融システムと資本市場」「金融機関マネジメント」といった科目を担当しています。二〇〇四年までは、経営コンサルティング会社に勤務していました。また、政府の委員や企業の社外取締役も務めてきました。そのような経験から、今の日本で科学的・客観的にものを考えることの大切さは、どれほど強調してもしすぎることはないと思っています。そして、科学的・客観的に考えること――「科学する心」と呼びましょう――を獲得するためには、読書が大変に役立つと考えています。

一方、自分の子どもたちとの読書体験を活かして『日経キッズプラス』という月刊誌に「カワモトママの「本は心のビタミン」」という連載を行ってきました。そんな話題を交えながら、科学の本の読書がいかに大事だと思っているかについて語ります。

科学する心

わたしが大切に思う「科学する心」とは、仮説設定と検証を繰り返すことにより、真実を見きわめようとする姿勢です。その基本は「なぜこういうことになるのだろう」「みんなが言っていることが実はおかしいのでは」と感じる、ごくごく自然で素朴な感覚です。日常の惰性に流れず、いつも直観を鋭敏に保ちながら、事実という材料をもとに確からしさをチェックし続ける。こうした毎日の努力の積み重ねによって、さまざまな社会的、経済的課題を解決していくことができるのです。

身近なところから考えてみましょう。二〇〇九年には政権交代、日米関係の摩擦、事業仕分けなど、日本にとって大きな出来事がいろいろありました。世界経済では、急激な景気後退とその後の新興国のリードによる回復が強く目につきましたが、この経済回復のペースは加速するのか、停滞するのか。その中で日本はどういう立ち位置になっていくのでしょう。また、コペンハーゲンの国際会議で世界の多くの関心を呼んだ地球温暖化問題についても、今後の展開は予断を許しません。

このように、内外の政治経済社会には容易ならざるものがありますが、その中で「科学する心」に立ち戻ることが重要ではないかと思います。事実をデータなどの客観的な根拠により正確に把握すること。そしてそれらを他者と冷静に議論し、切磋琢磨によって知見を高めて共有すること。こうした科学的精神の大切さを一人でも多くの人が意識することで、誤解を減らし、物事の解決に向かっていけるのではないでしょうか。思いこみや長年の慣習で議論を組み立てれば、現実との距離は乖離していく危険が増します。しかし、政府や企業が直面するさまざまな問題でも、あるいは会社での仕事のやり方や個人の生活でも、非科学的な議論が横行することが多いのも事実です。

「科学する心」は学校で習う化学や物理といった理科系科目の範囲を超えて、人間社会を生きるすべての人にとって大切なものです。合理的精神を養い、自らの思考力を鍛えて、原理原則がわかれば、将来の予知能力は高まり、判断が変にぶれることも少なくなるでしょう。

「科学する心」をもたずに政策を遂行してきたことの結果

日本の経済政策でも、規制や保護により、これまでにさんざんからみ合った糸を解きほぐすような作業が必要になっています。これは、「科学する心」をもたずに政策を遂行してきたことの結果だと考えられます。公共事業や農業などはいうまでもありませんが、たとえば日本航空の経営問題ひとつを取り上げても、戦後日本の歪みがそこに凝縮されているといってよいものです。新たな問題も浮上しています。中小企業金融についての規制のように、裏づけとなる客観的データもなく、純粋に政治的に議論が進められた事例もあります。このようななか、いま、一番重要なのが政府の情報開示と、データに基づく科学的な政策の議論ではないでしょうか。

現政権が立ち向かわなければならない日本経済の問題は、過去一〇年以上、解決せずにきた問題です。八〇〇兆円をも超える債務を国家が抱え、財政再建への努力がずっといわれながら、債務を膨らませる一方です。これは負担を将来に先送りすることを意味します。国の債務残高の対ＧＤＰ比をみると、一九九三年から二〇〇七年にかけて、日本はなんと、倍以上に増えています。これほど大きな債務をかかえている国は先進国ではほかにありません。

人口の減少も大きな問題です。二〇〇六年には一億二〇〇〇万人いた日本の人口が、二〇五〇年には九〇〇〇万人になるという予想があります。五〇万〜一〇〇万人規模の都市が、一年に一つずつ消える計算です。これは、少子化を結果として「促進」してしまった政策や慣行のためともいえます。たとえば、社会保障制度は年齢や所得の制限がない一方、児童手当や保育サービスには所得制限を設ける、出産費用は医療保険の対象外、さまざまな料金体系において、高齢者には所得制限なしに大幅割引をしているけれど、親の負担となる中高生は大人料金だというようなことです。育児への公的支援は、ＯＥＣＤ（経済協力開発機構）諸国で最低水準です。子育てに社会全体が優しくなかったのでしょう。

一方で道路建設は、ずっと続けられてきました。国土面積に比して、日本の道路の長さは圧倒的に長いというデータがあります。経済的効果といった科学的な分析よりも、政治的な声の大きさを優先させることにより、このような状況になっています。リーダーが、そして国民が「科学する心」をもって、合理的に状況を分析し、先の見通しを立てていたら、いまのような悲惨な状況には陥らなかったのではないでしょうか。

わたしたちは、世界不況、日本の政権交代、新興国の発展と、新しい環境に取り囲まれています。そして新しい環境には、不透明性、不確実性がつきまといます。不確実性の中で自分を見失わないためには、的確に判断する能力が問われます。適切なアドバイスを専門家に求めるのも能力のうちですが、そのときの最終的な判断者は自分です。不確実性に立ち向かうにも「科学する心」が役に立ちます(コラム「不確実性の理解」)。

わたしたちの毎日の生活で、誰も反対しない自明の内容を掲げて、議論しているかのような錯覚に陥っていることはないでしょうか。反論される恐れのないメッセージが飛び交うのは有益な論争とはいえません。たとえば経済社会についての政策では、「経済成長を実現」「景気をよくする」。経済成長や景気対策という言葉だけが先行して、競争環境の整備や内外からの投資を呼びこむ条件整備・制度改革など、ミクロ経済改革からは逃げ回っている印象があります。経済成長や景気がよくなることに反対する人は、ふつういません。問題はそれをどのようにして実現できるかという具体策です。お金をばらまいて一時的に需要を喚起しても、その仕組みに持続性がなければ、根本解決にはならず、国の借金をますます増やすだけです。

同じように、「必要な道路はつくる」「地方経済は疲弊している」「中小企業は大事」「農業の競争力強化」といった言葉の真の意味を考える必要があるでしょう。

新聞を読むなら見出しだけを見るのではなく、記事を最後まできちんと読むようにしなければ、誤った認識をもつことになります。見出しに対して、一部分だけを切り取っていないか、「科学する心」であたることが大切です。

たとえば、日本でも有数の優れた新聞であり、大変な影響力をもつ「日経新聞」(二〇〇九年二月一四日)で「今期最終赤字四六〇社超　上場企業の三割に迫る」という暗いニュースに見える見出しを目にしました。しかし、考えてみれば当然ですが、これは実際には七割は黒字を確保しているということです。「減配・無配三社に一社」とあれば、みな心配をします。しかし、記事を見ると実際には一四パーセントが増配・復配で、五〇パーセントが配当据え置き、全体での配当総額は九パーセント減にとどまっています。

これまで当たり前と思っていたことについても、それがなぜそうなっているかを問い、時代に合っているかを考えることもこれからは大切でしょう。たとえば「どうして通勤電車は満員なのか?」「どうして国道・高速道路・農道が平行に走っていて、しかもどれもがガラガラなのか?」「どうして参政権は二〇歳からなのか?」「どうして違憲判決が出にくいのか?」「どうして小学校の一クラスは四〇人なのか?」「どうして同い年だと同じ学年なのか?」……。

科学する心を身につけるためには

では、科学する心は、どのようにしたら身につけていけるでしょうか。

わたしはコンサルティング会社に勤務して、常に事実と向き合うことを求められてきました。企業のことはふつう、その企業の人たちが一番よく知っています。そのような中で、コンサルティングというのは外部からその会社についてあれこれ改善点を指摘したり、これから進む道を検討したりするわけですが、「事実」を徹底的に調べることが、説得力をもつもっとも強い材料になるからです。わたしはその訓練を通して科学する心を身につけてきました。しかし、もっと遡れば、幼いころの読書や学校での授業にもとても影響されていたようです。

話はちょっと飛びますが、二〇〇五年は世界物理年でしたね。このとき、ある新聞社から世界物理年についての感想を求められました。とっさに「えっ？ どうしてわたしに世界物理年の質問なのかしら?」と思いました。しかし、これをきっかけに自分と物理について思い出してみると、高校二年生のときに出会った物理が、物理の先生が、いまの自分に大変大きく影響していたことに気づいたのです(「朝日新聞」二〇〇五年二月二五日『DO科学・世界物理年に思う「裸の王様を見破る科学する心」』)。

わたしが小さいころには「女の子に理数系なんてとんでもない」という風潮が、まだまだありました(今はたくさんの理数系の女の子が輩出されていて素晴らしいことですね)。小中学校では数学や理科は特別好きではありませんでした。現実への関連性が感じられなかったからかもしれません。毎日の生活にどう関係するのかの糸口がなく、なかなか興味がもてなかったのです。しかし、高校二年生のときに、原理・原則を教えてくれる物理という科目に出会い、たいへんな魅力を感じました。速さや重力、摩擦、質量の概念を知り、あらゆる物に質量があり、力が働いていることを学ぶことにより、論理的には、なぜ質量ができたのか、とか、質量がない物体があるのか、とかを考える、すなわち論理的な思考の展開を教わることができたように思います。先生がシンプルに、きわめて簡潔に語ってくださったのも大きかったのだと思います。そのときに、ものごとはシンプルに考えること、そしてあらゆることにあてはまる原則があること、物理は矛盾がでてくるとそれを説明しなければいけないので、森羅万象を包含する概念を考える習慣をつけることの大切さを学んだような気がします。これらが思いがけず、その後まったく違う畑で仕事をし、生活していく上で役に立っています。

ことは物理の時間だけに限りません。わたしは高校で体育の先生が担任だったのですが、その先生からスポーツの世界でも科学する心が大切であることを学びました。「アウトとわかっていても頭からスライディングしろ、それがスポーツの美学だ」といった精神論ではなく、合理的思考のもとでしかスポーツは上達しないという考え方。水泳を習うときも「前に進むことができるのは、呼吸ができて、水に入って浮いてから」。恐怖心があっては泳げません。また、予知能力(「読み」の力)も、訓練で獲得しうる技術であるという認識。これらは今ではスポーツトレーニングで不可欠のものとなっているようですが、当時はとても新しい考え方でした。

子どもと一緒に本を読む

子どものころの読書も、科学する心を身につけるヒントを与えてくれるような気がします。自分が小さいころにした読書は、二人の息子が小さいときに一緒に本を読んだことで再現することができましたが、これらの読書は何事にも代えがたいものです。すでにティーンエージャーになっている息子たちとかつて読んだ本としては、まずは『もっとはやいものは』(ロバート・フローマン文、アーノルド・

スピルカ絵、大平雅章訳、福音館書店、一九六八)を挙げたいと思います。スピードについての話題が次々と繰り広げられ、一番速いのは光だという結論に達しますが、実はもっと速いものがあるという最終ページは、科学に相対する人間の心構えを教えてくれます。動くものへの関心を、速さや空間へと広げ、世界観を広げてくれます。

次に『せいめいのれきし』(バージニア・リー・バートン文・絵、石井桃子訳、岩波書店、一九六四)です。地球上に生命が誕生したときから今までの歴史が語られます。科学的な本だというだけでなく、哲学的な面もあわせもっています。細かく丁寧な絵とともに、地球の歴史に思いをめぐらせることができます。同時に、自分が地球と主体的に関わっていることを教えてくれます。

『ファーブル昆虫記』(ファーブル)には、複数の訳者による翻訳書が出ています。大人向けの文庫本もあれば、子ども向けのやさしいものもあります。科学を知るには科学者の生涯とその姿勢について知ることもためになりますが、これは苦学の末に昆虫学を志し、三十代半ばごろから科学の読み物を執筆することに力を注いだファーブルの昆虫記。ダーウィンに「類希なる観察者」といわしめた、忍耐強さと観察眼、あらゆる可能性を考えて実験し、実証していく姿に圧倒されます。

そして『ロウソクの科学』(ファラデー)。これも複数の訳者によるものが出ています。身近なロウソクを題材に、さまざまな現象を科学的に解明していきます。この本のすばらしいのは、前提となる知識がなくとも、考えていけばわかるというところです。

子どもたちの理科離れがよくいわれますが、他国に比べた日本における教育支出の少なさには目を見張るものがあります。日本における義務教育段階での理科と算数・数学の授業時間数も、一九六八年に小学生だった四十代のお父さん・お母さんの授業時間数に比べ、その子どもにあたる世代では、小学校の理科は五割強、中学校では七割に、小学校の算数は八割、中学校の数学では八割弱に削減されています。二〇〇九年度から先行実施された新指導要領で少し回復しているとはいえ、このような状況にあるからこそ、科学の本を読むことが、ますます大切なのだと思うのです。

読書する環境

子どもたちとの読書体験を活かして連載を行ってきたことは、最初に述べました。これまで一五〇冊ほどの本を紹介しましたが、この連載をきっかけに、大学院生(社会人で、平均年齢が三四歳。昼間は企業などで働き、夜と土曜日を使って勉強をしている人たちで、とても一所懸命です)や、仕事でお付き合いのある会社の社長さんからよく受ける質問があります。「どんな本を読んだらよいでしょう」というものです。みなさん家族がいらして、彼らはお子さんやお孫さんと一緒に本を読みたいと思っているのです。しかし、どんな本を読んだらよいのかが、なかなかよくわからないというのが悩みです。あるとき、大学院で「今度、連載で紹介する本に何かおすすめはないかしら」といったところ、たくさんのメールをもらいました。多くの人が、自分の子どもと一緒に読む本に興味がある証拠です。大人の本については情報が多くても、子どもの本に関してはその情報がいまひとつ足りていないようで、いろいろな場面で手助けしてくれる人を求めているのではないでしょうか。

本を読むには環境も大事です。息子たちは小さいころ、保育園から家に帰るまでに、よく図書館で過ごしました。そのためでしょうか、いまでも息抜きしたいと思うと図書館に行っているようです。本を読むことが習慣として身についていると、何か問題に直面したときにも、本を頼りにそれに立ち向かっていけるのではないかと思っています。

子どもに本を読ませるにはどうしたらよいか、という質問もよく受けます。お父さん、お母さんが本を読まない家庭では、子どもは本を読まないのではないかな、とも感じます。大人たちが本を読めば、子どもたちも本を好きになるのではないでしょうか。大人たちも一緒に読めるような本を知ることができれば良循環がはじまるのではないでしょうか。

子どもたちが、科学の本に興味をもち、どんどん好きになる、そんな環境が少しでもひろがっていくとよいのになあ、といつも思っています。

コラム　不確実性の理解

不確実性に立ち向かうにはどうしたらよいのでしょう。まず、「何が起こるかわからない」と固まらないで、どの程度予測不可能なレベルなのか、自分が直面する不確実性を評価してみましょう。①一応の予測ができるか、②いくつかのシナリオに絞りこめるか、③ある領域で、または幅をもっていくつかのシナリオが考えられるのか、それとも、④まったく予測不可能なのか、この四つに大別するだけでも状況判断としては前進です。これらは論理的、科学的な思考によって可能です。

ありうるシナリオについても、①サイクル型、②パルス型、③進化型、④混乱型など変化のパターン分けを考えることは手がかりになります。ありえないパターンを排除するだけでも不確実性のレベルを下げられます。その分、対応準備が容易になることでしょう。また、もともとの自分の目標を明確化することで不確実性も低減します。たとえば、企業がある事業分野への参入を考えているとします。そのとき、参入目的が、①その分野でのリーダーをめざす、②その市場で存在感をもつ、③参入の権利だけは確保する、のうちどれなのか、姿勢を決めるだけでも大きな意味があります。そうなのです、自分の態度を決めてしまうことは、不確実性をとても低減させるのです。

不確実性の内容は刻々と変化するという点も重要です。不確実性に対応する戦略を設定した場合でも、「いつ」「どのタイミングで」「何の指標を目安に」変化を判断し、「どのラインを超えたら」「何を変更するのか」という見直し・チェックポイントを明確にしておくべきでしょう。

そして、ここでも大事なのが「数値分析の結果」「関係者の合意」「世の中の専門家の意見」といった根拠に安易に依存してはいけないということです。情報を徹底的に収集してとらわれのない眼で全体状況を把握し、ここまで考え抜いた者は自分しかいないという境地まで至れば、あとは恐れるものはありません。

川本裕子

8　本好きな子どもを育てよう
――もっと科学の本を

滝川洋二
たきかわ ようじ
東海大学教育開発研究所教授、
NPO法人ガリレオ工房理事長

なぜ本で科学か

学校の授業以外で科学に接する最も手軽な方法が、科学の本を読むことです。科学の本を通じて、世界中の科学を追究してきた人のわくわくするような体験や生き方を学び、知識を広げることができます。理解力や表現力を高めることもでき、テレビやインターネットの時代だからこそ、能動的に読むことには大切な役割があります。

わたしはＮＰＯ法人「ガリレオ工房」などで、家庭でできる実験を大量に開発してきました。ガリレオ工房はこれまでに、四四冊の本の刊行に関わってきました。これらの本には一〇〇〇以上の実験が紹介されています。ほとんどは家庭でできる実験なので、学校以外で、とりわけ家庭で、親子で実施してもらいたいと思っています。だからといって、わたしがすすめるのは実験の本だけではありません。

科学の本というと、知識のつまった百科事典のようなものをイメージする人も少なくないかもしれません。しかし、科学の専門家が、子どもが読むことを意識して自分の研究分野について紹介した本には、なぜその専門分野を選んだのか、どんな苦労をして研究者になったのか、研究するうえでのさまざまな工夫、そして研究の中身やその意義が、ていねいに書かれているものも少なくありません。こういう本は、大人にも面白いものです。対象が、たとえば「小学生以上」とあると、中学生や高校生にはすすめない先生や親も少なくありません。しかしぜひ、内容から判断してほしいと思います。

また科学絵本は、小学校以前や小学校低学年の子を対象にしている場合が多いのですが、その中にも高校生や大人にもよい本が少なくありません。たとえば、かこさとし著の『よわいかみ　つよいかたち』(童心社、一九六八、新版一九八九)は小学校低学年から大人にまでおすすめです。弱そうに見える紙が、形を工夫すると、数十倍の強さをもつようになることを紹介し、それがレールの形や建築物に応用されていることを知ることができます。こういう優れた科学絵本がたくさんあります。

だれもが高い科学リテラシーを

国立社会保障・人口問題研究所の予測(二〇〇六年一二月)では、二〇一〇年現在の日本の人口一億二七〇〇万人が、二〇四六年に一億人を割り、二〇五五年には九〇〇〇万人に減ります。平均すると、年に八二万人の減少です。新聞でも「日本の人口、七万五〇〇〇人自然減　〇九年・過去最大幅」（「朝日新聞」二〇一〇年一月一日）と報道されています。問題は人口の減少だけではありません。二〇〇七年を境に人口減がスタートし、これから急激に減っていくことになります。六五歳以上人口は、二三・一パーセント（二九四一万人）から四〇・五パーセント（三六四六万人）へと増加し、急激に高齢化が進みます。一方、生産年齢（一五〜六四歳）人口は、八一二九万人（六三・九パーセント）から四五九五万人（五一・一パーセント）へと落ち込みます。さらに驚いたのが子ども（〇〜一四歳）人口の変化です。一六四八万人から七五二万人になります。さらにその後の二〇年間で、人口は約二〇〇〇万人減ると予測されています。

一方、世界の人口は日本とは異なり、現在の六八億人から、二〇五五年におよそ一〇〇億人へと増加します。とくに日本近隣のアジアには若者がたくさんいて、元気なのです。日本は世界からも、アジアからも置いていかれることになります。これは大変なことです。

日本国憲法前文では「われらは、平和を維持し、専制と隷従、圧迫と偏狭を地上から永遠に除去しようと努めてゐる国際社会において、名誉ある地位を占めたいと思ふ」とうたっています。このように、名誉ある地位を占め続けるには、高いレベルの科学・技術を社会のベースにし、それを支えるしっかりした教育を、今のうちにつくりあげていくことが不可欠です。老人が人口の四〇パーセントを占めるのですから、少数のエリートを育ててその人たちをあてにするのではなく、子どもだけでなく大人も、「だれもが」しっかりとした科学リテラシーをもつ方向に、社会全体が育っていかなければならないのです。

これは、学校教育だけでは達成できません。すでに大人になっている人も、自ら意欲的に学ぶ社会にしていくことが大切です。

本を読む文化的現状

科学にかぎらず読書はすべての理解の基礎になるので、子どもも大人も読書をする習慣は大切です。もし「本を読めない、ほかの人の書いた文章を理解できない、自分の主張を表現できない」とすると、その人はビジネスでも芸術でもスポーツでも、すべての職業において、最前線で活躍するには大きなハンディを負うことになります。日本の未来を考えると、すべての人に、読書をする習慣をベースにして、世界と競える人材に育ってもらいたいと願うのが当然です。

日本人の読書は世界の中でどんな状況なのでしょう。経済協力開発機構（ＯＥＣＤ）の国際学力調査では、数学と科学と読解力を毎回、それに加えて問題解決力を二〇〇三年に調べていますが、その結果はかなり厳しいのが実態です。二〇〇〇年の調査では、主要三二カ国の一五歳の思考力や応用力を調査した結果、数学的応用力で日本の高校生がトップとなりました。科学的応用力では二位、読解力では八位となりました。その一方、読書では参加国中最低ということが紹介されました。

「毎日趣味として読書をしているか」という質問に対し、日本では五五パーセントの生徒が「趣味で読書をしない」と回答しています。ＯＥＣＤ平均の三二パーセントをはるかに上回り、参加国中、

表1　家庭の蔵書数と数学・理科の平均得点
（TIMSS 2003・8年生）

蔵書数	0〜10	11〜25	26〜100	101〜200	201〜
数学の得点	533	553	571	587	604
理科の得点	517	539	552	567	584

最も高い割合を示しています。日本では、生徒が国語や数学、理科について「宿題や自分の勉強をする時間」の指標値が、参加国中最低で、家庭で勉強する時間が短いのです。なお、「宿題や自分の勉強をする時間」の指標値が高い生徒は、そうでない生徒に比べて、各国とも高い読解力を示す傾向にあります（文部科学省「PISA（OECD生徒の学習到達度調査）《二〇〇〇年調査国際結果の要約》」より）。

もう一つの国際学力調査TIMSSでは、家庭の蔵書数と数学・理科の得点と生徒比率を比べています。その中で、日本においては表1に示すように、蔵書数が多いほど平均得点が高いことが明らかになっています。

これらの調査を見ると、しっかり読書をさせることが大切だといいたくなるかもしれません。しかし、文化庁の調査（文化庁・平成二〇年度「国語に関する世論調査」）を見ると、大人自身の問題も浮き上がってきます。この調査では現在、雑誌や漫画以外で、一カ月に何冊くらい本を読んでいるかを尋ねています（選択肢の中から一つ回答）。「読まない」と答えた人が全体で四六・一パーセントでした。平成一四年度調査で「全く読まない」と答えた人は三七・六パーセントです。選択肢が「全く読まない」と「読まない」の違いはあるにしても、本を読まない人は増えているのではないでしょうか。年齢別に見ると、二十〜五十代で「読まない」と答えた人は、それぞれ四割程度ですが、一六〜一九歳では四割台後半、六〇歳以上では五割台半ばです。

この結果から、大人は一六〜一九歳より本をよく読んでいるように思えますが、そうではありません。月に三冊以上読んでいる割合は、一六〜一九歳で二二・三パーセントですが、二十代は少し上回る二三・五パーセント、三十代〜五十代は二〇パーセント以下、六〇歳以上は一三・七パーセントと大きく下回ります。

一カ月間、本を読まない人が四六パーセントの日本に比べ、約七七パーセントが日に一時間の読書をするという統計のあるフィンランドは、図書館利用率が世界一で、一人あたり年に二一冊借りるそうです。日本の公共図書館の貸出率は、平均して国民一人あたり年に四・一冊です（『競争やめたら学力世界一――フィンランド教育の成功』福田誠治、朝日新聞社、二〇〇六）。フィンランドが国際学力テストでダントツの一位を続けていることの背景には、社会的な違いがあるにせよ、大人が本を読む文化を大切にすることが、子どもの教育にも、社会全体の活性化にもプラスになっていることが推測できます。

これらのデータを見ると、読書の大切さがよくわかるでしょう。

紙の本のよいところ

わたしが科学の本を読む大切さを話すと「もう紙の本の時代は終わるんだから、それに抵抗するのはよくない」という意見を聞かされることがあります。そういう意見を聞いて、コンピュータを使った学びも無視できないとは思いますが、一方で、紙の本の大切さを訴えることが重要だと自覚するようになりました。

わたしは、毎日、コンピュータに向かって仕事をしています。大量のウェブページを読みますが、本とはまったく読み方が違います。検索して調べることが主で、必要なところだけをつまみ食い的に読みます。小説や科学の長文の解説を読んだりすることは、まずありません。一方で、毎日楽しむ本は、本屋でタイトルや中身を見たり、雑誌の書評などを参考にしたりして買ったもので、基本的には全部を読み通します。何冊かを同時に、電車の中、食事中、トイレの中などで読んでいるので時間はかかるのですが、読み通すまでが楽しみです。

本は読み通せるのに、ウェブでは読み通す気になれません。その理由は簡単です。本は読み通すことを前提に、編集者が間に入り、読者を強く意識してつくられています。一ページ中にどれだけの文字数を入れ、イラストや表をどれだけ入れるかも、手にとって読みやすく、楽しめることも配慮してつくられています。しかし、ウェブの多くは素人が書きつづったもので、じっくり読むに堪えるつくりになっているものは少ないのです。本をウェブに置き換えただけでも、サイズが変わり、そのためデザインが変わるので、読みやすさは大きく変わります。そうはいっても、いずれウェブが読み物の主流になる可能性はあるのですが、紙の本と同じクオリティは最低限の条件になるでしょう。

ウェブの動画はわかりやすくてよいのですが、印象が強い代わりに、見る人が受け身になるという問題があります。一方、本は受け身では読み続けられません。そのため、読み続けられるだけの動機づけが不可欠で、本はそこまで考えられてつくられているのです。いずれはウェブでも優れた編集者によって編集された、よいものが出てくる時代になるでしょう。そうすると、本との競争が激しくなるでしょう。

それでもウェブに代えられないと思われるのは小さな子ども向けの絵本です。子どもが自分で持って読むなら本の大きさや重さに制限がありますが、読み聞かせをするなら、なるべく大きなものが効果的です。なかには、あおむしが食べたあとに穴を開けた『はらぺこあおむし』（エリック・カール、偕成社から一九七六年に翻訳出版されて、〇九年一二月刊は四七五刷、累計三一五万部、原著は一九六九年刊）など、絵を飛び出させたり、開いた穴から次のページの一部を見せたり、特殊インクで盛り上がった部分をつくったりと、いろいろな仕掛けを用意しているものがあります。このような本はとくに人気があるようですが、仕掛けがなくても親などが子どもに読んであげるには、やはり、紙の本が有効なのではないかと、自分の体験からも思います。

科学の本の現状

近所の駅前の本屋に行って、科学読み物を探してみてください。おそらく、数冊しか置いていないところが少なくないでしょう。図鑑の『カブトムシ』などの類は季節によってはあるかもしれませんが、児童書のコーナーをもっている本屋でも、その中に科学に分類されるものを置くという意識はほぼゼロといっても過言ではありません。これは、出版界全体の動向とも関係があります。一九八九年に日本の年間書籍発行点数は三万八〇〇〇点でしたが、二〇〇八年には七万六〇〇〇点と、二〇年で

表2　分野別児童書（科学分野）の出版点数
『出版年鑑2009』（出版ニュース社）から集計

	2008年	2006年	2003年
児童書科学年間計	344	405	289
自然科学（一般，実験を含む）	37	33	29
数学	28	20	27
物理学	3	1	4
化学	1	1	0
天文学・宇宙科学	14	23	23
地球科学・地学・地質学	36	46	39
生物科学・一般生物学	21	21	8
植物学	7	34	7
動物学	121	160	102
医学・薬学	76	66	50

倍になりました。ところが、発行部数は一九八九年が九四〇〇〇万冊、二〇〇八年が七五〇〇〇万冊と減っています。それでも本はたくさん出るのです。一点あたりの出版部数は大きく減り、本屋の店頭には、売れる本しか並びません。取次店から本屋に新刊書が届いても、本屋が売れると思わなければ、段ボールを開けることなく返品になるのが実態だそうです。児童書そのものもあまり売れないのですが、その中で「科学」に分類される本は、売れないから置かれないということが続いているジャンルなのです。

表2は、毎年出される出版目録の中の児童書に分類される本の中から、NDCという図書館の分類方法に従って自然科学に分類されているものを選び、小分類（科学一般、数学、物理学、化学、……）ごとに点数を数えたもので、これを見れば主たる傾向がわかります。ここに書かれている本以外にも、高校生なら読める本、科学でなく技術や産業に分類されているものも少なくありませ

表3　対象別児童書（科学分野）の出版点数
『出版年鑑2009』（出版ニュース社）から集計

	2008年	2006年
幼児	13	8
小学生＋幼児	9	29
小学生	276	322
中学生＋小学生	20	25
中学生	10	2
高校生＋中学生	16	19

んが、恣意的になるのを避けるために児童書（自然科学書）のみを対象にしました。

　科学読み物はこれで見ると、年間三〇〇～四〇〇点出ています。ところが、この中で「物理学」に分類されるのは年間に平均で三点程度、「化学」は平均で一点以下です。圧倒的に多いのは、『クワガタムシ』などの生きものの生態を紹介した本で、進化などを紹介した内容はずっと少なくなります。本はたくさん出てはいるのですが、科学の基礎を伝える本という視点からは、とてもわずかであることがわかります。これは、物理や化学のジャンルの本が売れにくいということを反映している面もあるかもしれません。しかし、科学者やライターには、もっと子ども向けに科学の本を書いてほしい、出版社や編集者には、そういう本をもっと企画してほしいと思います。

　科学にかぎらず、対象となる読者から見ると、幼児向け、中学生向け、高校生向けが少なく、ほとんどが小学生向けです（表3）。中・高校生向けには岩波ジュニア新書や、よりみちパン！セ（理論社）、筑摩プリマー新書はありますが、ほかにはほとんど出ていないのが実状です。

わたしは大きな夢を託して二〇〇八年と二〇〇九年に「科学読み物シンポジウム」を企画しました（「はじめに」参照）。日本中で、子どもだけでなく大人も、科学の本を読む社会にする運動のきっかけにしようという夢です。その背後には、先述したように、これから急激に少子高齢化の時代に入るということがあります。長期的に見て、日本経済はこれからどんどん厳しい時代に入ります。少数のエリートに期待するだけではまったく立ちゆかないほどの少子化になるからです（わたしの生まれた一九四九年の出生数二七〇万人に対して、二〇〇九年では一〇七万人。二〇五五年には六四万人になるという予測があります）。だれもが基礎的な力をしっかりとつけていくことが必要です。そのためには学校教育をよくすることに加えて、子どもも大人も本を、とりわけ科学の本を読む社会をつくることが不可欠だと考えています。

　科学読み物シンポジウムを準備する中で、スタッフからこの運動を「理科読」運動と名づけたらどうかという提案がありました。簡単にいうと、理科読とは「科学の本を読もう」ということです。「朝読（朝の読書運動）」に理科読を、読み聞かせに理科読を、という発想です。三回のシンポジウムで、名前を与えられる前に、すでにこの理科読運動ははじまっていることを実感しました。

　理科読運動をさらに大きく広げるには、朝読に学ぶところが多くあります。朝読は、一九八八年に千葉県の二人の高校の先生によって提唱され、いまや全国的な広がりをみせています。スタートから二〇年以上たち、二〇〇九年に総実践校が二万六三五七、全国平均実施率が七〇パーセントになったそうです。朝読効果で子どもの読書率も、最近では向上しているという報告もあります。簡単な原則で運動化したことが、功を奏したようです。「みんなでやる」「毎日やる」「好きな本でよい」「ただ読むだけ」という四つの原則です。本を強制せず、読書感想文を書かせるなどの心理的な圧迫を取りのぞいた結果、単に本を読むようになっただけではなく、それまで騒がしかった教室に落ち着きが取り戻せたという報告もあり、これも全国に広まった要因でしょう。また、企業のバックアップで運動を支える事務局ができ、国もこの運動を後押しするようになったことも大きいようです。

よい科学の本を紹介するシステムづくり

残念なことに、朝読で「科学の本」を読んでいたら「ちゃんとした本(物語の本)を読みなさい」と注意されたという話をよく耳にします(好きな本を読んでよいはずなのに)。朝読を推進する先生によっては、科学の本は「読む」対象と考えていないのでしょう。これは、読んで面白い、文章も優れた科学の本があるということ、子どもにも大人にも楽しい本にするための工夫が施されていることが知られていないからです。

理科読運動は、科学の本の面白さを知ってもらい、科学の本を読むことを広めていく運動です。朝読はもちろん、もっとさまざまな場面で、家庭でも、図書館でも、子どもだけでなく大人にも、理科読をすすめたいと思います。子どもはいろいろな体験を通して成長していきますが、その体験の一つに本を読む楽しさを入れよう、いろいろなジャンルの本を経験する中に、科学の本も入れようという提案です。

理科読運動は、すでに出版されているよい本を、読者に届けるシステムをつくっていこうという提案でもあります。理科読を広めていくには、たくさんのよい本を、図書館、学校の図書室や学級文庫、家庭に置いておく必要があります。難しいのは、よい本の選定です。新聞では、この二〇年くらいの間に子どもの本の紹介欄が廃止になったり、科学読み物についての欄がなくなったりして、科学読み物の紹介ができなくなっています。よい本を紹介するシステムをみんなで考えながら、早めにつくりあげていきたいと思っています。

誰が担う――科学の本を読む文化づくり

多くの子どもが理科読に取り組むには、学校という場はとても重要です。小学校に入ってから高校を卒業するまでの間に、科学の本にふれる機会がまったくないのが現状だからです。まずは、先生が学校で、科学の本を紹介していただけないでしょうか。あるいは科学の本を見るきっかけをつくるだけでもかまいません。幼児だけではなく、中学生にも高校生にも、読み聞かせは高い効果があります。学校では、国語の教科書にも科学に関する内容はたくさん出てきます。歴史で産業を取り上げたり、地理的な側面から気候や環境についてふれることもあるでしょう。そういうときに、科学の本でも調べてみよう、科学の本を読んでみよう、というふうになってくれるとうれしいです。理科の先生はぜひ、図書館の司書の方と一緒に、他教科の先生に働きかけてみてください。

理科読をすすめる対象の筆頭は、もちろん子どもですが、日常的に子どもに接する小中高校の先生、学校図書館の司書、地域図書館の司書、そして親や祖父母などにもすすめたいと思っています。国や地方自治体には、この理科読運動に少し支援するだけで、学力や科学リテラシーが上がり、地域が活性化し、ひいては産業の振興にもなるので一石二鳥以上の効果があるというメリットがあります。とはいえ、とくに文科系出身の方には科学というとハードルは高いでしょう。とくに小学校の先生は九割が文系出身ですから、学校にはもっと社会が支援することが必要です。

「理科読」はまだスタートしたばかりです。この本を読んで理科読運動に共鳴した方が、さらにアイデアを重ねて、それぞれに動きはじめていただければと思います。小さくてもたくさんの動きを各地で起こし、その工夫を共有して、大きな動きにつなげましょう。

おすすめの五冊

『ヒポクラテス——医学を発展させた賢人』天才!? 科学者シリーズ9、ルカ・ノヴェッリ著、関口英子訳、滝川洋二監修、岩崎書店、二〇〇九

ギリシャ時代の良心的で、レベルの高い医者の伝記です。この本を読んで、医学を目指す人が増えてくれるとよいと思います。一〇冊のシリーズの一冊で、ほかにはアインシュタイン、ニュートンなど知名度の高い科学者も取り上げています。

『おそらに はては あるの?』佐治晴夫文、井沢洋二絵、玉川大学出版部、二

〇〇三

対象は幼児ですが、高校三年生の物理Ⅱの最後の授業でこの本を読み聞かせた経験があります。

『オーロラのひみつ』上出洋介文、つだかつみ絵、偕成社、二〇〇二

オーロラを研究することになったいきさつからはじまり、さまざまな工夫でそれまでまったく知られていなかったオーロラの秘密を解き明かしていくドラマが紹介されています。

『発展コラム式 中学理科の教科書』第1分野(物理・化学)、滝川洋二編、第2分野(生物・地球・宇宙)、滝川洋二・石渡正志編、講談社ブルーバックス、二〇〇八

『科学の実験——あそび・工作・手品』小学館の図鑑NEO、ガリレオ工房監修、小学館、二〇〇九

家庭でできる最新の実験がたくさん紹介されており、親子で取り組むのにおすすめです。

コラム　科学の本は，まっている

科学読み物シンポジウムの発起人である滝川洋二先生は、科学の本とほかの情報媒体のちがいを「読みやすくプロの編集者が情報をより分けて、作者と読者の間で加工してくれているしっかりした情報である」と言う。

一冊の本は、情報の切り貼りではない。知識の断片の寄せ集めではない。著者の思想にもとづいて編まれている。アンソロジーであれば編者の、訳書であれば訳者の思想ということでもある。

一情報源、一資料として見られがちな科学の本もそうなのだ。編まれたものは、切りとることはできず、本として読者に届けられねばならない。

理科の本、科学の本の楽しさを多くの人に広めようと実行されてきた科学読み物シンポジウム。第三回をむかえる準備会の席で、より多くの読者に科学の本が届くように、親しみやすい一言がほしいと、「朝読」から発展した「理科読」という言葉があがった。

科学そのものの楽しさは、観察や実験を通して、自分にとっての新しい事象を「発見」することにある。科学の本には、その手がかりがつまっている。作者の思想は、本が読まれることで、読者にとっての「発見」へとつながっていく。ファーブルの『昆虫記』も、ダーウィンの『種の起原』も、いろいろな人に訳され、編まれて、本という形で私たちに手渡されてきた。

「作者と読者の間で加工されたもの」が本であるならば、本は読者に届いてはじめて本になるのかもしれない。

図書館や書店や取次や出版社にある一冊一冊の「科学の本」が、たくさんの読者に「発見」されるのをまっている。いまこそ理科読をはじめよう。

石川雄一（岩崎書店）

第3部

学校や地域で科学読み物を活かす

9　子どもと本をつなぐ場所
——学校図書館

土井美香子
どい　みかこ
元私立中学・高等学校司書

子どもの読書意欲

わたしは子育てを通じて文庫活動に参加し、その後、公共図書館、学校図書館で職を得て、子どもたちの読書活動と関わってきました。成長を導いてくれる本と子どもたちが出合う機会をつくり出す仕事をしています。子どもたちは、物語の本も好きですが、「本当にあること」の本も実に好きです。たとえば、恐竜や宇宙のように、自分と時空の離れているものでも、虫や花のように身近なものごとでも、子どもたちが「知りたい、わかりたい」と思ったときに、きちんと大人が知識と学問を積み上げて示してくれる科学の読み物を手渡してやると、子どもたちは大喜びして夢中で読みます。

科学の本というと、知識を得るためや、調べ物をするための本ととらえられることが多いのですが、科学の本を読んで楽しむこともたくさんあります。また、科学の読み物は、知らなかった世界や新しいことを教えてくれるだけではなく、「考える」手法のお手本も示してくれます。さらに、学校で学習した成果は日常生活の中にどのように関係しているのかとか、日常の中のばらばらとした事象をどのように整理していくのかといった、自分の生活を見直す力も鍛えてくれます。子どもたちは、得た知識を使って自分の課題を考えていくことを繰り返して学んでいきます。

六歳から一八歳の人たち、つまり子どもの三分の二が、小学校、中学校、高等学校に通っています。全国学校図書館協議会と「毎日新聞」で行った第五五回学校読書調査によれば、本を読むのが「好き」「どちらかといえば好き」と答えた児童・生徒は、小学生八二パーセント、中学生七六パーセント、高校生七二パーセントでした(「毎日新聞」二〇〇九年一〇月二六日)。また、文部科学省の平成二一年度全国学力・学習状況調査の結果によれば、読書が「好き」「どちらかといえば好き」と回答している小学生七二パーセント、中学生六七・六パーセントでした(国立教育政策研究所ホームページより)。

学校図書館法第三条には、その子どもたちが一日のうち、多くを過ごしている学校には、「学校図書館を設けなければならない」とあります。図書室と呼ばれていることも多いのですが、「児童又は生徒及び教員の利用に供することによつて、学校の教育課程の展開に寄与するとともに、児童又は生徒の健全な教養を育成することを目的として設けられる学校の設備」(学校図書館法第二条)として学校には学校図書館があり、子どもたちの読書意欲に応えています。

平成二一年度全国学力・学習状況調査では、さらに「昼休みや放課後、学校が休みの日に、本を読んだり、借りたりするために、学校図書館・室や地域の図書館へどれくらい行きますか」「家や図書

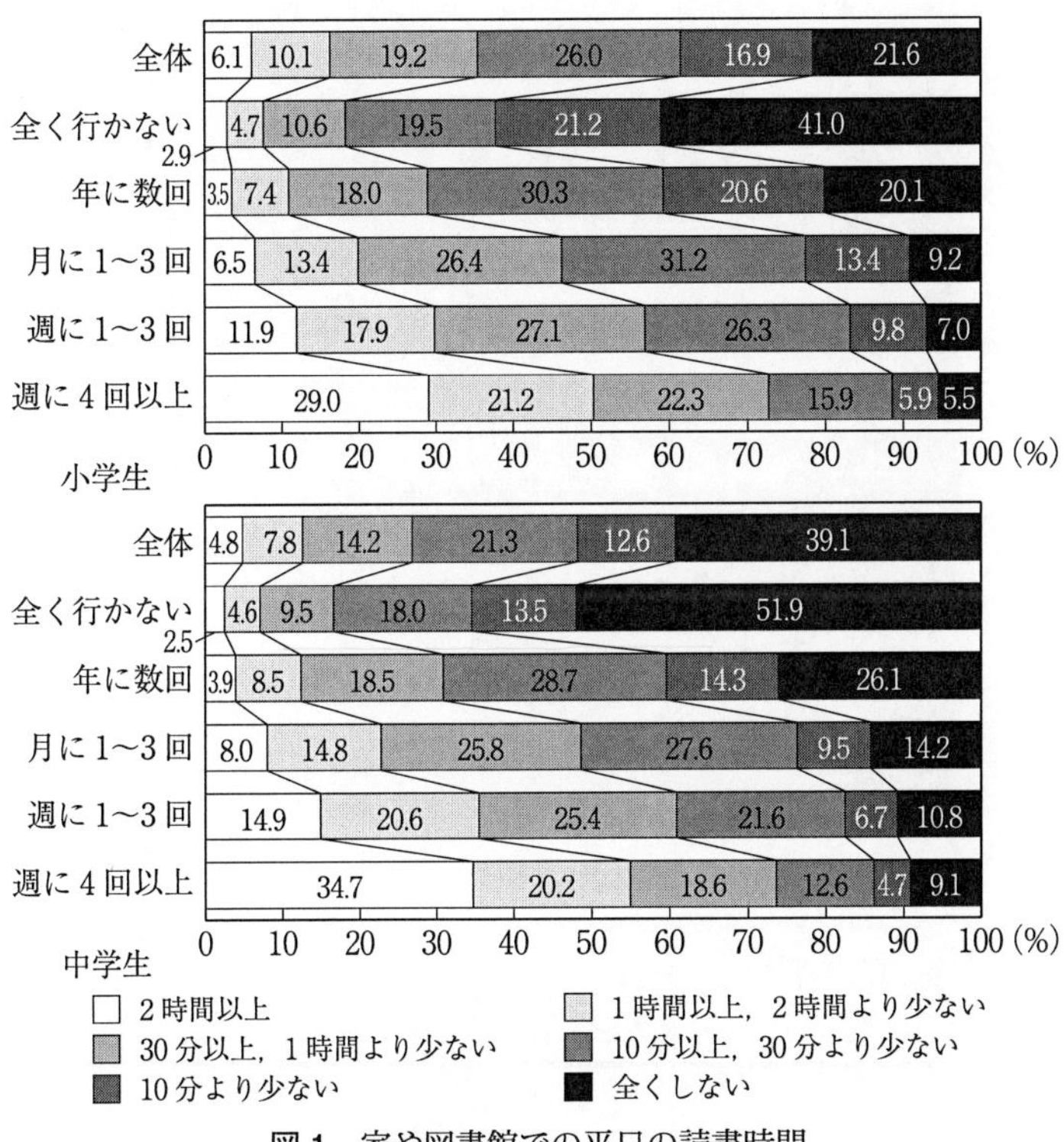

図 1　家や図書館での平日の読書時間

「昼休みや放課後，学校が休みの日に，本を読んだり，借りたりするために，学校図書館・室や地域の図書館へどれくらい行きますか」「家や図書館で，普段(月〜金曜日)，1 日当たりどれくらいの時間，読書をしますか」という質問への回答の集計．平成 21 年度全国学力・学習状況調査，国立教育政策研究所ホームページより．

館で、普段(月~金曜日)、一日当たりどれくらいの時間、読書をしますか」と質問しています。結果は図1のとおりです。小学生、中学生ともに、学校図書館や地域の図書館へ多く行く子どものほうが、家や図書館で読書をする時間が長い傾向がみられます。

子どもと学校図書館

子どもたちの読書意欲は多方面にわたります。「こわい本が読みたい」「ハムスターを飼い始めたの。お風呂に入れてもいいの?」「修学旅行に行くんだよ、なんかお土産の本ある?」。学校図書館では、児童・生徒が成長していく間に必要としている情報を「文字」から得ることを大きく「読書」としてとらえ、資料を提供していきます。現在、学校図書館をもっと活発に使っていこうという機運が高まっています。学校図書館には読書センター機能と学習・情報センター機能が期待されています。

自由な読書の時間に子どもたちが求めてくるものに応え、一人ひとりの子どもたちに読書の楽しみをたっぷりと味わってもらうのは、学校図書館の読書センターとしての機能です。「読書」といったときに、まずイメージされるのは物語の本でしょう。でも、ドキュメンタリーや発明発見物語のような科学の読み物も、子どもたちは大好きです。「へー!」といいながら読むような知見の入った本は、子どもから子どもへと紹介されて、次々に借りられていきます。大人が夢中になって何かを追いかけている姿が描かれている科学読み物は、小学校五・六年生以上の、自分のロールモデルを探している子どもたちにとって大切な本です。頭の体操を楽しむ算数の本も人気があります。算数についての講演を聞いたあと、「頭を使うのってこんなに面白いと思わなかった。わたしにも読める算数の本を貸してください」と、小学二年生が言ってきたこともあります。

学習・情報センターとしての機能としては、まず調べ学習や探求学習に資料を提供します。資料の提供の方法もいろいろです。テーマに沿った二〇冊の本を探して一つの教室に貸し出すこともあれば、学年全体で一つのテーマに取り組むために、図書館内にコーナーをつくることもあります。図書館にコーナーがあれば、授業で図書館に行ったときや休み時間に、生徒が自由にみることができます。一人ひとりに貸し出すばかりが学校図書館の仕事ではありませんし、一人でする読書だけが学校図書館での読書でもありません。一冊の本を、入れ替わり立ち替わり、何人もの児童や生徒が手にとることもあれば、一人の児童や生徒がいろいろな本を見比べ、自分の必要としているところを読むこともあります。必要とする知識やデータを読むことに加えて、事実の扱い方、整理の仕方、説明のしかたといったことのお手本にもします。

物語と科学の本は互いに高めあう

「学校に来る途中に拾った、これなあに?」「国語の教科書に出ていた話の続きが読みたい!」と、子どもたちの学びは授業の中にとどまりません。自分に必要な情報を求めて図書館へやってきます。もしくは、必要な情報は何なのかの整理の糸口を求めてやってくることもあります。学校図書館は、発達の段階に合った資料を提供して、「読む楽しさ」「知る楽しさ」を広げてもらえるよう支援します。

たとえば小学校三年生の国語の教科書に「木かげにごろり」という韓国の昔話がでてきます。夏に農民たちが買った木陰が季節とともに延びていき、さらには夕方になると木陰を売った地主の家のご馳走のところまで延びて、ご馳走は農民たちのものになってしまう、という愉快な昔話です。太陽の位置によって影の長さが変化するという日常の体験を下敷きにした話です。同じ三年生の理科では「かげのでき方と太陽の光」「太陽のうごきをしらべよう」「太陽のひかりのはたらきをしらべよう」「ひなたとひかげをくらべよう」といった単元があります。そこで『かげはすてきなともだち』(中川正ぶん、太田大八え、福音館書店、一九八二)、『ひかりとかげのふしぎ』(小林実著、松永教治絵、国土社、一九七二)、『かげとひかりのあそび』(大竹三郎文、あさのりじ絵、大日本図書、一九七九)、『かげと光とビー玉』(板倉聖宣著、石田武雄絵、国土社、一九七〇)、『光の科学』(平田雅子著、富田一郎画、童心社、一九九二)、『地球は日時計』(安野光雅、福音館書店、一九八五)と、光と影のでき方に視点を置いた本と日時計や影絵人形なども一緒に展示してミニコーナーをつくります。国語であり、理科であり、社会であり、工作である読書です。子どもたちは、すぐ、犬や鳩など自分が知っている影絵を手でつくって、誰かにみてほしくてみせ合いっこが始まります。図書館のどこにいけば影が映るのかをさがしたり、日時計をもって歩き回ったりもします。国語の教科書にのっている話が、理科のおもしろい読み物にもなっていることが、このコーナーからわかってもらえ、物語をさらに深く楽しむことができるでしょう。

理科の単元が終わったころにもう一度、さりげなく『こかげにごろり』(金森襄作再話、鄭琡香画、福音館書店、二〇〇五)を展示すると、「あー、これ知ってる。ほら、秋になったんだよ」と手にとって、イラストも隅々までみていきます。

資料を用意する

前述のような、楽しい読み物への要求に応える資料、課題解決、探求的学習に対応できる資料、先生方の授業研究、教材研究に役立つ資料を提供するためには、「資料を収集する」という作業が必要です。まず、自分の学校図書館にある本の中からテーマに合った資料を用意しますが、いつでも必要とする資料が十分に用意できるわけではありません。学校図書館の資料購入という教育費投資が、いままで少なかったことが原因の第一にあります。購入費がついたとしても、適した本が都合よく出版されるわけでもありません。さまざまな教科で有用な資料がきちんと用意されるためには、長い時間をかけた計画的な購入がなければ実現しません。学校の教育目標、各学年の利用計画、教科単元の利用、過去の利用実績などから資料収集の計画を立て、何年かにわたる経常的で、計画的な資料構築を行う必要があるのです。科学の読み物は、物語の本に比べて出版される点数が限られてきましたし、選書購入の際に、科学の読み物への目配りに欠けてきたという経緯もあり、蔵書が不足している学校図書館が多くみられます。

自分の学校図書館の資料では不足なときには、ほかから資料を収集します。いま、地域の公立図書館が学校図書館に本を一括して貸してくれたり、近隣の学校同士で本を貸借したりするところもありますので、使える制度を使って、他館から資料を収集します。どのような制度があるのか、どのような他館資料があるのか、といった資料の外縁にあたる情報の収集も必要というわけです。

また、学校図書館は学習・情報センターとして機能するわけですから、図書館が扱う資料は本ばかりではなく、新聞、パンフレット、視聴覚資料、デジタルコンテンツの収集、整理も含まれます。より新しい、役に立つ資料がでれば、加えたり、差し替えたりもします。

こうして収集し提供したあとには、どのくらい役に立ったか、必要量に足りていたか、提供した資料の質と量を評価し、次の購入に反映させます。

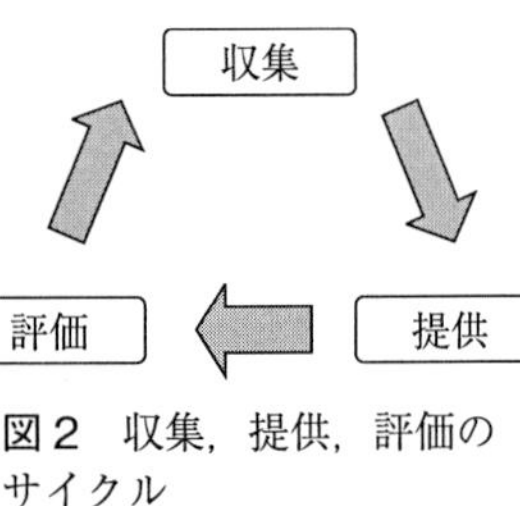

図2　収集，提供，評価のサイクル

このように、収集、提供、評価が常にぐるぐるとめぐって、学校図書館の資料が構築されていきます（図2）。司書や図書主任、司書教諭だけが学校図書館の蔵書に関心責任をもつのではなく、学校図書館の資料として、何がほしいのか、学校全体で評価に取り組んでいくことで、優れた科学の読み物が学校図書館の蔵書に加わっていきます。

子どもと本をつなぐ

学校図書館に十分な資料を揃えておいておきさえすれば、子どもたちが本を読めるようになるというわけではありません。どんな本があるのかを知らなかったら、読みたいと思えないからです。誰かが、「こんな本があるよ」と子どもと本をつないであげる必要があるのです。

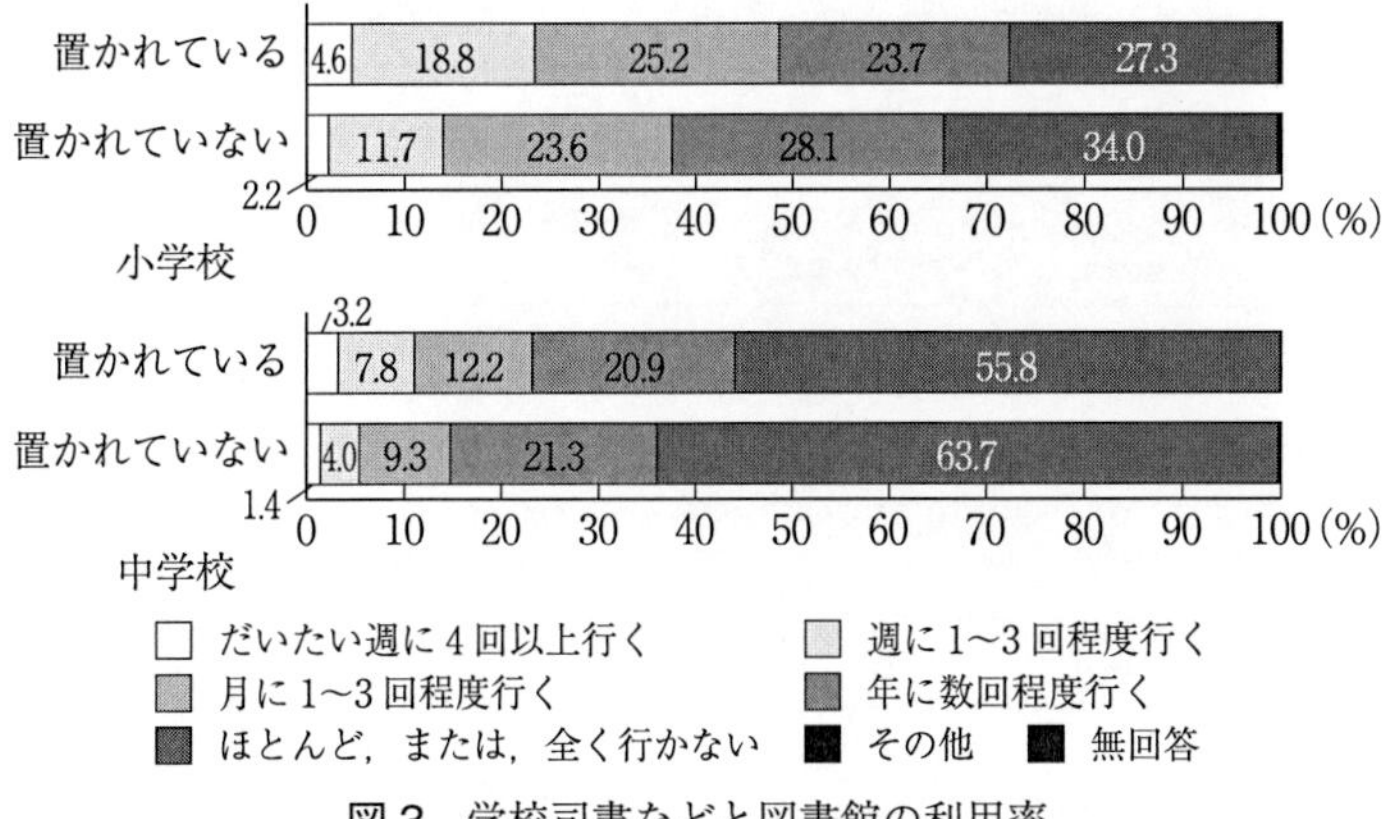

図３　学校司書などと図書館の利用率

「教員以外の職員で学校図書館に関する業務を担当する職員(いわゆる「学校司書」など)が置かれていますか」「昼休みや放課後，学校が休みの日に，本を読んだり，借りたりするために，学校図書館・室や地域の図書館へどれくらい行きますか」という質問への回答．平成21年度全国学力・学習状況調査，国立教育政策研究所ホームページより．

具体的に知りたいことや課題をもったときだけでなく、「なにかいいものないかな」というような漠然とした気持ちでも、子どもたちは学校図書館へやってきます。先生方も「何か役立つ教材はないか？　授業の組立てに使える本はないか？」とやってきます。先のミニコーナーづくりのように、読み物であれ、科学の本であれ、先生や児童、生徒が本と出合う機会をつくり出す人が、ここに必要になります。

前述の「平成二一年度　全国学力・学習状況調査　調査結果のポイント」によると、「「学校司書」などが置かれている学校の方が、昼休みや放課後、学校が休みの日に、本を読んだり、借りたりするために、学校図書館・室や地域の図書館へ、月に一回以上行く児童生徒の割合が高い傾向が見られる」とあります(図3)。図書室に本が揃っているだけではなく、「人」がい

表1　科学の資料を使った授業テーマ（東京都内Ｓ区の例）

小１	自動車くらべ・はたらく車・鳥のくちばし・秋をみつける・動物の赤ちゃん・あさがお，ミニトマトの栽培・動くおもちゃ
小２	魚・海の生き物・お話水族館・たんぽぽ・たね・飛ぶたね・虫・虫の飼育・ダンゴムシ・球根を育てる・動くおもちゃ
小３	たね・食べ物博士になろう・だいず・加工食品・植物の栽培・太陽のうごき・太陽の光のはたらき・豆電球・磁石を使ったおもちゃの工作・宝物探しと分類
小４	季節と生き物・星や月・校庭の樹木・体をつくる食べ物・ヒトのからだ・変身する水
小５	太陽の働きと植物の成長・発芽・米つくり・台風・季節と天気・バランスの良い食事・身の回りの汚れを調べよう・和算・メダカ・人の誕生
小６	食物連鎖・土地のつくりと変化・水溶液の性質・生き物の暮らしと自然環境・算数クイズ・宇宙・化石・月と太陽・校外学習
中１	校外学習先の植物，動物，昆虫，気候を調べる・伝統楽器の種類と特徴・バランスの良い食事と献立・海洋大学
中２	体験学習の事前学習として，農業生産物，食品，食品加工，料理などをテーマに・赤ちゃん（保健体育）・修学旅行事前学習・静電気のはなし・フランクリン，ファラデー，ボルタの伝記・天気とその変化・分解図鑑
中３	環境学習・修学旅行事前学習

て本と本にまつわるいろいろなことを案内してあげることが、子どもたちの読書を後押しします。

子どもたちの読書を引っ張るのは授業者としての先生です。総合学習や調べ学習の授業への取組みは、本と子どもたちをつなぎます。単元への関心を高めるための導入に、単元終了後の発展的課題にと、本を使って学習を組み立てることもあります。

ある公立小・中学校で学校図書館にあった資料提供の依頼から、理科に関わるものを拾い上げてみると、表１のようなテーマがありました。理科の授業ばかりではなく国語や社会、算数、家庭科、美術、図工、保健体育、音楽などいろいろな教科が科学の読み物とつながっていることがわかります。

科学の本を使った授業とは、そのテーマの本を何冊か集めて、その単元の間、クラスに置いておく、図書館にコーナーをつくってもらってコーナーがあることを紹介する、というような、小さな時間のかからない取組みから始められます。このようなテーマに関する資料を提供すると、先生自身が本を紹介してくれることもあれば、学校司書や司書教諭が本の紹介やブックトークといった手法で、ひとつのテーマであっても多彩な資料があることを紹介することもあります。簡単な説明や内容の紹介をして、子どもたちが本と出合う機会をつくり、子どもに本を手渡していきます。

どのように本と出合う機会をつくり手渡すのか

本と出合う機会をつくるためのいろいろな手法が研究され、実践されています。実践例や手法の手引きを解説した本も出版されています。コーナーづくりをしたのち、本の紹介やブックトークを行って、その中で読み聞かせも行うというように、手法をいくつか重ねて使うこともよくあります。本と出合う機会をつくり、さらに「それ、読みたい」と思う気持ち＝読書動機を喚起するような取組みを、図書館で働いている人たちは「本を手渡す」といっています。

つくば市小学校司書の松尾みずほさんと宗田敦美さんによる、小学校で行った「ちいさなおはなしかい」での実践発表をみたことがあります。これは、授業に関連する「骨」をテーマとした「コツコツと……ささえてます!」というタイトルの実演で、『人体絵本——めくってわかるからだのしくみ』(ジュリアーノ・フォルナーリ著、加藤季子訳、ポプラ社、一九九七)、『骨はたらきもの』(八杉貞雄文、矢崎芳則絵、岩波書店、一九九六）、『ホネホネたんけんたい』（西澤真樹子他、アリス館、二〇〇八）といった本を紹介していました。「自分の体に触ってみよう。固いところと柔らかいところがあるね。固いところには何がはいっているかな？」「ヘビのどこまでが胴体で、どこからが尻尾なの？」「中に入っているばかりじゃない骨って？」。楽しい問いかけと軽快なトークでつなぎながら、一〇冊あまりの本を、あるものはページを繰りながら、あるものは一部読み聞かせと、強弱をつけて紹介されました。これには会場にいたわたしも思わず「その本を読みたい！」と思ってしまいました。

このように、科学のテーマに絞りこんでいくつかの本を紹介することがあります。また一方で、ひとつのキーワードから広がったいろいろなジャンルの本の紹介をすることもあります。そのときも科学の読み物をいれて、多様な読書をすすめていきます。たとえば中学二年生の古典で「方丈記」を学習したあとに、「泡」をテーマにしたブックトークでは、「「方丈記」のなかにうたかたがでてきました。うたかたって何のことでしょう？　泡でしたね。こんな泡の話もあります」とはじめます。『ぜつぼうの濁点』（原田宗典他、教育画劇、二〇〇六）、『クジラ――大海をめぐる巨人を追って』（水口博也、金の星社、二〇〇四）や『石けん屋さんが書いた石けんの本』（三木春逸・三木晴雄、三水社、一九九三）、『ニュートン』（スティーヴ・パーカー著、小出昭一郎訳、岩波書店、一九九五）、『シャボン玉の中は夢のくにわたしはシャボン玉の中にはいった！』（佐藤早苗、大日本図書、一九八三）、『しゃぼん玉の実験』（ベルニー・ズボルフスキー、さ・え・ら書房、一九八七）を読み聞かせたり、中の写真をみせたり、本に関係するレンズをみせたりしながらそれぞれの本の紹介をして、最後に『舞姫・うたかたの記』（森鷗外、改訂版角川文庫、一九六八）より「うたかたの記」でおわります。

理科読のすすめ

子どもたちは、学習を重ね、多様な本を読めるようになっていきます。また、読書から学習を深め広げていくこともあります。科学の本は、子どもの成長に欠かせません。どのような面白い科学の本があるのか、まず大人が手にとって、読んでみて、子どもたちにその面白さを伝えてください。

科学の本は、読み聞かせにも取り入れられます。その本の面白さをダイレクトに紹介することができます。読むのが苦手な子どもも、誰かが寄り添って、一緒に読んであげると読めます。読み聞かせという形で一緒に読み、「最後まで読んだ」という子どもたちの気持ちを育てます。「読めた」という体験を繰り返すことで、子どもたちが「自分でできる」という気持ちがもてるようになります。それぞれの興味、関心が多様になり、物語にもそれぞれの好みがでてくるようになる年齢の子どもたちにも、「真実」を追究する科学の本は、みんなに読み聞かせるのにぴったりです。

朝の読書にも理科読を取り入れましょう。本を読む場として用意されている朝読の時間に、読みたい本がみつからない子どもたちがいます。科学の本を紹介して、いろいろなジャンルから本を読むことを励ましてあげます。やさしい絵本のようなものでも、科学の原理が書かれているものは、大変面白いものです。大きくなって、知見や知識が増えるほど、同じ本から「わかった」と思えるものが増えるので、繰り返して読んでも、読むたびに新しい発見がとくに科学の本にはあります。

子どもたちの学習は、学校での教科の中にとどまりません。学習の成果も、成績表に現れるものばかりではありません。子どもたちの学びの成長をみつめながら、そのときそのときどきに合った本を手渡すことができるのが、学校図書館です。子どもたちの成長に欠かすことのできない科学の読み物をしっかり用意して、子どもたちに手渡していくことは学校図書館の責務です。

朝読におすすめの理科読の本

『にじ』さくらいじゅんじ文、いせひでこ絵、福音館書店、一九九八
『1つぶのおこめ――さんすうのむかしばなし』デミ作、さくまゆみこ訳、光村教育図書、二〇〇九
『光ってどんなもの』マリア・ゴードン作、マイク・ゴードン絵、ひかりのくに、一九九六
『雪は天からの手紙――中谷宇吉郎エッセイ集』池内了編、岩波少年文庫、二〇〇二
『ジャガイモの花と実』板倉聖宣著、藤森和子絵、仮説社、二〇〇九
『宇宙への秘密の鍵』『宇宙に秘められた謎』ルーシー＆スティーヴン・ホーキング作、さくまゆみこ訳、佐藤勝彦監修、岩崎書店
『ライト兄弟はなぜ飛べたのか――紙飛行機で知る成功のひみつ』土佐幸子、さ・え・ら書房、二〇〇五

10　小学生と科学の読み物

小澤恭子
おざわ　きょうこ
日本子どもの本研究会会員、元公立小学校教諭

「活字離れ」という言葉は、四〇年前の、わたしが小学校の教員になったころからありました。生まれたときからテレビがあり、コミック版の漫画の本が世に出回り始めたころでした。「読みきかせ」という言葉も登場した時代でした。図書主任を命じられた教員(わたし)に課せられたのは、唯一つ「本好きな子を育てる」。本の楽しさを知らせる手段は、第一段階としてまず選書――良質な本が図書室や教室に並んでいること。次にその本を手渡す人、読みきかせをしたり紹介をしたりする人がいること。そして読書環境を多様に整えることです。

これらを整えつつあったものの、現実にはかなり厳しいものがありました。低学年では、はじめはなかなか自分で読みたい本を決めることができません。本の楽しさがわかってくると、自然に落ち着いてその世界に浸ることができますが、子どもを取り巻く状況によって、図書の時間中、あれこれと迷い続ける子どもたちも存在しました。

その中で、図鑑ばかりをじっと眺めている子が目にとまりました。実に楽しそうにページをめくっていました。書架の前にドーンと腰をおろして大きな図鑑を広げて楽しんでいるのでした。そうだったのです、何もお話の本だけではないのでした。子どもによって興味関心が異なります。図書の時間くらい、自分に合った教材で楽しむべきではないか、本は教科書とは違うもの、もっと幅広い本の見方をしなければ……と教えられたような気がしました。ここから、わたしの科学読み物への関心の扉が開いたように思えます。

図書委員会の活動に科学の本を

そこでまず、図書委員会の活動に科学の本を取り入れることを考えました。これまでは、楽しい、あるいは心温まるお話の本を紹介する活動が多かったのですが、科学の本を楽しんでみようという発想に趣を変えました。

最初に使ったのは『卵の実験』(伏見康治・伏見満枝、福音館書店、一九七七)です。当時、活躍されていた日本子どもの本の研究会会員から紹介されました。この本では「卵を立てる」「卵をまわす」「卵にのせる」「はだかの卵」と、いろいろな実験を行っています。そこで、その実験を実際に行ってみました。

まず「なぜ卵型なのか?」についてです。卵がもし球体だったら、斜面に転がった場合、なかなか止まりません。卵型であると、本に書いてあるとおり、一〇度弱の傾斜板上では弧を描いて止まります。これぞ、ニワトリの卵のすごさと感動しました。次に「卵の殻は意外と強い？」という実験です。卵のわき腹（わたしたちがよくカチッと割る場所）は弱いのですが、上下方向への力には非常に強いことを確かめる実験です。油粘土を敷いて、卵をたてにそっと置き、上にも帽子のように油粘土を重ねて四カ所に置き、板をのせ、その上に、大きなやかんに水をたっぷり入れてのせました。すごいことに、壊れないのです。ただ、四つの卵に均等に力が加わるように設置しないといけません。何回か試行錯誤を重ねた結果、成功したのです。「割らないで中身を取り出せる？」という実験もしました。酢に卵を丸ごとつけておくと、細かな泡が出てきて少しずつ少しずつ殻が溶け、最終的に中身がむき出しになります。殻の成分の性質をうまく利用した実験です。

これらのようすをＶＴＲにおさめ、読書週間の委員会発表の一環として、昼に校内放送で全クラスに見てもらいました。このように科学の本を使うと、身近なものの不思議なことが、楽しく体験できることをアピールしたわけです。結果は大変好評でした。

保健体育のグループ学習に科学の本を

小学校六年生の単元に「病気の予防」があります。感染症などを取り上げて理解し、未然に防ぐ実践につなげる学習です。そこで、クラスを数人ずつのグループに分け、それぞれに自分たちの取り上げたい病気（テーマ）を決め、その病気の原因、症状、治療法などについて、本をもとに研究し、クラス全体で発表しあい、理解を深める授業を行うことにしました。選ばれたのは、次の本です。

まず、『ガンってどういう病気かな?』(加藤洋一著、ヒロナガシンイチ画、童心社、一九九四)。この本を選んだグループでは、家族や知り合いにガンの患者さんがいることがきっかけになったようです。ガンの語源、研究の歴史、ガン細胞の性質、発ガン物質、ガンを防ぐ方法、治すための医者の努力など、ガンという病気のあらゆることについて書かれており、子どもたちには適切なガンの導入書になっていたようです。学習後には「ほかの病気とはちょっと違う(すぐに発病しないとか、生まれ変わる細胞自身がガン細胞に変化していくという点)感じがした」という感想が印象的でした。

次に『かぜをひくってどんなこと?』(ジョイ・リチャードソン著、日比逸郎訳、ポプラ社、一九八六)です。かぜは、かなり身近な病気です。ほとんどの子どもたちが、せきをしたり、のどが痛くなったりという経験をしています。この本にはどのようにしてかぜの症状がおこり、治っていくのかが、図も用いながらわかりやすく説明されています。鼻がつまるようすも図解されています。子どもたちは「かぜをひくと、なぜのどが赤くなるのかがわかったよ」とうれしそうに話し合っていました。

『びょうきのほん』1・2・3(山田真文、柳生弦一郎絵、福音館書店、一九八九)を選んだのは、おたふくかぜ・盲腸・ぜんそくをテーマに選んだグループ。1には、おたふくかぜ、水ぼうそう、とびひ、ぼうこうえんについて、2には、しんぞう、じんぞう、こうじょうせんについて、3には、もうちょう、ていりゅうこうがん、ほね、応急手当についてまとめられています。自分たちが経験した病気を多く扱っていたので、興味深く課題を解決していきました。

身のまわりに起こっているできごとも、何気なく見過ごしてしまうことが多いなか、この授業に取り組んで、自分たちの体について、もっともっと知る機会をつくる必要と、常識にすべきことがあると、切に思いました。人体の仕組みや働きについて科学的な知識を得ることは、ひいては自分たちの命を大切にし、ほかの人びとの命、心について考える結果になるのではないでしょうか。

またほかに、喫煙やドラッグの恐ろしさについて知ってほしいと思い、『タバコってなんだろう』(北沢杏子著、井上正治絵、岩崎書店、一九九二)を使い、実験を取り入れた授業を計画しました。まず、水を入れたシャーレと、タバコ一本から抽出したニコチン液を入れたシャーレのそれぞれに、イトミミズを入れます。そして、それぞれのミミズがどのように変化するのかを観察します。

本にあるように、二〜三分後には、ニコチン液のシャーレに入れられたイトミミズの動きが弱まってきます。はじめは非日常的な実験に心を躍らせていた子どもたちも、このようすに「残酷ー!先生、残酷ー」と叫び出しました。すぐに水にもどしてイトミミズはことなきを得ました。授業後「お父さん、お母さんに言わなくっちゃ。タバコやめてって」という声があちらこちらで聞こえました。

図書の時間にタンポポの本を

低学年を担任したときに、図書の時間で科学の本を何冊か扱いました。『たんぽぽ』(平山和子文・絵、北村四郎監修、福音館書店、一九七六)は読みきかせから始めます。たんぽぽの本は数多くありますが、この絵本には種の役割について、小さい子どもたちにもわかりやすい記述があり、たんぽぽという野草のもつ魅力がいっぱいつまっています。まず、根がたいへん長いこと。根についてだけで、四ページにわたって描かれています。また、花びらの一つ一つが種になることを強調するために、一輪の花を形づくっている花びら一〇〇枚以上が列をなして描かれています。

読後、根を掘ってみたくなり、手に手に移植ごてをもって学校農園へ行き、タンポポを見つけて掘りました。地面のど真ん中にはタンポポは生えていなく、コンクリートの花壇の枠に沿って生えており、非常に掘りにくく、一二センチメートルほど掘ったところでくったくたになりました。本にならい、根を二〜三センチメートルに切って水栽培をしたところ、面白いことに、ふた葉を通り越して、じかにほん葉が出てきたのです。絵本に書いてある通りでした。不思議なことですが、タンポポの根は栄養たっぷりだったということです。

また、綿毛を黒い色画用紙に一本一本並べてはりつけ、数を数えて遊びました。六〇本くらいしかないのもありましたが、二〇〇本以上のものが多いことがわかりました。

さらに、綿毛が種であることを実際に目で見たいと思い、イチゴパックに水を浸した脱脂綿を敷いて、綿毛をそっと寝かせました。一週間から一〇日ほど経ったときに、小さくてかわいいふた葉が出てきました。大感激でした。あまりにもかわいかったものですから、教室だけでなく、図書室のカウンターにおいて、みんなに見てもらいました。「なぞのはっぱ」と題して、「さて、このふた葉は何のふた葉でしょう？　図書室にある本に書いてあります。探してみましょう」と。高学年の子どもたちからは「カイワレ大根」との即答が多かったのですが、答えを知ってびっくりしていました。

日本中どこにでも咲くタンポポで、このように楽しめるのです。科学の本は実に楽しいものです。

図書の時間にミミズの本を

土壌生物、つまり、ミミズとかダンゴムシ、ダニのなかまなどは、わたしはどちらかというと苦手です。子どもたちもそうだと思います。しかし、これらの生きものが栄養たっぷりの土をつくっていることは、知らせなくてはいけません。土壌生物を知ることなしに環境云々はいえません。少しでもこのような生きものへの苦手意識をなくし、大切な働きをしていることを伝えたいという気持ちで、小学一年生の図書の時間に『おちばのしたをのぞいてみたら…』(皆越ようせい写真・文、ポプラ社、二〇〇〇)を使った授業に取り組みました。

この本は、すでに読んでいる子が数人いました。ダニやダンゴムシのアップの写真には顔をしかめている子もいました。しかし、ミミズの卵の写真が登場するあたりから見慣れてきて、しっかりと本を見つめるようになります。「えー、これがミミズの卵？　どうやって生むの？」。期待していたとおりの質問です。そこで準備していた同著者の『ミミズのふしぎ』(ポプラ社、二〇〇四)の産卵に関する部分を見せて説明し、納得してもらいました。雌雄同体ですが、やはり仲よしのお相手がいないと卵は生まれないこと、「かんたい」という白いはちまきのようなところが産卵に関係していること、卵はレモンのような形をしていることを学びました。最後に、ちょっと難しいかなと思いましたが、フリップ(図1)を手がかりに「落ち葉がこれらの生きものを育て、生きものは土を育て、土が木や葉っぱを育て、再び落ち葉となり……」という自然界の循環について説明をしました。

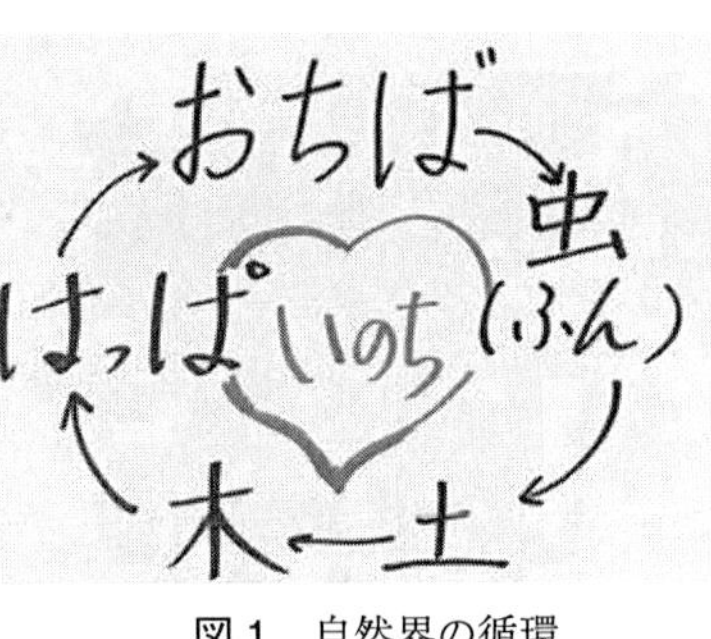

図1　自然界の循環

そして、移植ごてをもって畑に行き、落ち葉の下を探しました。二月でしたが、畑の隅の吹きだまりには落ち葉が残っており、ダンゴムシがたくさんいました。読みきかせのときにはおよび腰だった子どもも「先生、ダンゴムシ見つけたよ」と、しっかり手のひらにのせて見せてくれました。「これは、ダンゴムシじゃないよ、丸くならないから、ワラジムシだよ」と、違いを学んだ子もいました。落ち葉だけでは物足らず、プランターや大きな石をひっくり返して探すといろいろな大きさのダンゴムシがいることもわかりました。子どもたちと一緒にわたしもだんだんと熱が入ってきました。

子どもたちの感想は「公園に遊びに行ったときにも、虫探しをしたよ！」「虫は葉っぱを食べてるなんて知らなかったよ」「虫のウンチはきれいってわかりました」「なんだかファーブルになった気分でした」「本を読んでくれてありがとう、虫もうさわれるようになったよ」「ミミズをかたに乗せられるようになったよ」などなど。一冊の本をきっかけに、このように子どもたちと生き生きとした時間がもてることに、驚きました。

総合の時間の草木染めに

これまでに、アイを育てて自分で縫ったエプロンを染めたり、絹製のスカーフを染めたりしたこと

表1　草木染めに参考にした本

『アイの絵本』くさかべのぶゆきへん，にしなさちこえ，農文協，1999
『マリゴールド』おかだひろみ文，江口あけみ絵，偕成社，2001
『草木染の絵本』やまざきかずきへん，かわかみかずおえ，農文協，2006
『野の草ノート』いわさゆうこ作，文化出版局，2004
『草や木のまじゅつ』山崎青樹文・絵，石曽根史行ほか写真，福音館書店，1989
『母と子のたのしい草木ぞめⅠ～Ⅲ』林泣童著，さ・え・ら書房，1986～1991

があります。展覧会の作品を仕上げるためです。この経験を活かして総合学習という教科で、一人ひとりが課題を決めて調べ学習をし、さらに染めた毛糸でポシェットを仕上げていく、ほぼ一年をかけた大きなプロジェクトに取り組みました。

これに際して、参考になる本が数多く出版されているのは幸いでした。まず、『ふしぎないろみず』(大竹三郎、岩波書店、一九八二)をもとに、紫キャベツの汁をとって、自然のもつ色、色の変化について楽しみました。「酢をつけたりせっけんをつけただけで、色が変わってびっくりした」。子どもたちは、自然にあるものから色を楽しむことができることを、第一段階として体験しました。

次に、教師がこれまでに染めておいた布地を見せ、「はじめはこのように白い布も、葉や花からとった染液できれいに染まるでしょう?」と「染め」のイメージをもたせました。そしてアイとマリーゴールドの種の観察をしたあと、農園にまいて育てました。

この間に、オリエンテーションをもとに一人ひとりが課題を決めます。「どのように染めるのか?」「ほかにどんな植物で染まるのか?」「草木染めの歴史について」「どんな色になるのか?」「どんなものに染まるの

草木染めについて調べよう！

4年2組　尾辻　歩音

1　小テーマ

他にどの花で草木そめができるか

2　小テーマを選んだきっかけ

アイやマリーゴールド意外でも草木そめができるのか知りたいからです。

3　調べてわかったこと

※草木そめができる花と花のどこを使ってできるかについて
1.ヒメジョン：花がさき始めたころに、花や葉、くきを使って。2.タンポポ：花、葉、くきを使って。
3.ヒマワリ：黄色い花びら、葉、くきを使って。ちった花びらも使える。4.ブタクサ：草全体を使えます。やわらかいクリーム色になる。
5.キンモクセイ：花のさく前のえだと葉を使ってできる。6.ススキ：『ほ』が開く前の葉とくきを使います。7.コナラ：ドングリはおしり部分のおわんのようなから（かくとという）を使

-1-

うとこくそまります。他に『アスター』、『カーネーション』、『ニチニチソウ』『ハイビスカス』、『バラ』、『ブーゲンビリア』『ムクゲ』『コリウス』、『カラジウム』、『トレニア』『アスター』『アメリカンブルー』などがあります。
このような花には、アントシアンというしきそがあって、『す』の中でもむとそめられます。
ツツジやリンドウはそめられません。
※次にその花をそめたらどういう色になるかです。
8.『アベリア』はベージュ、緑、はい色などになります。9.『サクラ』はうす茶、おうど色、黄色などになります。10.『ビワ』は、ベージュ、茶、しゅ色などになります。11.『ベニバナ』はベニ色、黄色になります。12.『ヨモギ』は、うす緑、緑などになります。13.『カシワ』は、おうど色、はい色などになります。14.『カリン』は茶色、はい色などになります。15.『クローブ』はベージュ色、は

-2-

い色などになります。16.『コナラ』はい色などになります。17.『キウイ』これはだ色やまぶき色、くろなどになりまーす。18.『キリシマツツジ』は、はい色・茶色などになります。

【まとめ】

一番始めに書いた※草木そめができる花と花のどこを使ってできるかについての感想は、野原に行ったらそめることのできる草花をいっぱい見つけることができることが分かりました。
※その花をそめたらどういう色になるかではたいていの花がそめられる。または花のしゅるいがいっぱいあることが分かった。

※1の絵（草木そめができる花と花のどこを使ってできるか）

ドングリ

タンポポ

-3-

4　調べた結果、気付いたことや、感想など

【まとめ】

葉でもそめれることが分かりました。
だいたい花をそめた色はおうど色やはい色でした。No.17で書いたキウイ！キウイでそめることができるなんてびっくりしました。もっと草木そめについて調べたいでーす。

5　調べるために使った資料（本・PC検索・聞いた人など）

例　『書名』（著作者名・出版社名）　『検索名』（インターネット名）

『草花そめKIDS』（みのわ なおこ・株式会社）

『草木そめを楽しむ』（林 泣雀著・日本ヴォーグ社）

-4-

図2　子どものノートから

か?」など、いくつかのテーマがあげられました。子どもたちは、図書館から集団貸出しをした本を使って、それぞれの課題に取り組み、ノートにまとめました(表1・図2)。

アイは葉を乾燥させておき、『アイの絵本』に書かれてある通りに染液をつくり、ハイドロ染めをしました。ハイドロサルファイトナトリウムのにおいは強烈でしたが、しっかりとインジゴ成分のある染液ができ上がりました。「本当に染まるのかなー?」とバケツの中の黄色の染液をのぞいては、子どもたちは半信半疑。表面だけが青くなっているので、無理もありません。オフホワイトの毛糸を沈めてはもち上げて空気にさらすと、ふしぎふしぎ、見る見るうちに、美しい水色に染まっていくのです。繰り返していくと、青が濃くなっていきます。全体として上品な優しい青に染まりました。食酢で色どめをしました。

マリーゴールドは、花弁を摘んで新聞紙の上に広げて乾燥させておきました。花の香りが素晴らしい！『マリゴールド』を参考に染液をつくり、やはりオフホワイトの毛糸を染めていきました。こちらは、色どめのミョウバンの液につけると、さっと色が鮮明になりました。見事な自然の色です。

さらに『ものづくりハンドブック』(「たのしい授業」編集委員会編、仮説社、一九八八)を参考に、織り機を工作用紙でつくり、縦糸にタコ糸、染めた毛糸を横糸につかって、ポシェットをつくりました。まさしく、スローライフです。約一年かけての作品づくりになったわけですが、この間、子どもたちはさまざまなことを学習しました。実際に自分たちで観察しながら育てたもので染め、染め方も調べ、実践し、また、それを材料にして作品をつくりました。自分自身の課題を解決しつつ、自然のもつ神秘さ、自然ならではの美しさを感じとってもらえました。子どもの感想には「自分たちで染めたので、一人ひとりそれぞれの色に染まっておもしろかったです」「マリーゴールドの花はにおいが強くて花をつむことで苦労しました」「アイは葉の一枚一枚が小さいので大変でした」「マリーゴールドを煮ているときは、家庭科室が花の濃いようなにおいがしました」「アイはマリーゴールドよりは、うすいにおいしかしなかったです」「染めたあと、すぐに水で洗うと、水色っぽい毛糸になったからすごくうれしかったです」などがありました。

理科の時間に科学の本を

『ふゆのほし』(かこさとし、偕成社、一九八五)は冬の星の学習には必須です。オリオン座の赤いベテルギウスという星は年をとった星なので、ものすごく大きくなっています。二ページ見開きの絵が圧巻です。それに比べて、太陽は半径二ミリメートルほどの小ささ。視覚に訴えているので、どの子も納得です。『北斗七星と北極星』(板倉聖宣著、松永教治絵、国土社、一九七二)では、北極星の見つけ方がユニークです。クイズ風に提示すると、子どもたちは一所懸命探します。パソコンでも簡単に検索できますが、オーソドックスな見つけ方を知っておくのも、発展性のある学習ではないでしょうか。

学校の池で卵からオタマジャクシがかえりました。イチゴパックにそっと入れて、虫眼鏡でいろいろな角度からオタマジャクシの体を観察しました。子どもたちは盛んに「先生、渦巻があるんだよね、オタマジャクシって」といいます。確かに、おなかのあたりが渦のようにみえます。『ひきがえる』

（三芳悌吉ぶん・え、福音館書店、一九七六）には「おたまじゃくしのからだのしくみ」の図があり、腸が蚊取り線香のように、確かに渦を巻いているのがわかります。人間のとよく似ていますね。子どもたちも納得です。

「オタマジャクシはかわいいけどー。カエルになっちゃうとねー」という女の子。そういう見方もあるかもしれません。一方的な見た目で、かわいいとかかわいくないとかの判断はどうなのかと考え、これは何とかしないとカエルに対して大変失礼なことです。そこで、『ずら〜りカエル　ならべてみると…』（高岡昌江ぶん、松橋利光しゃしん、アリス館、二〇〇二）のカエルが大集合して前を向いたり、後ろを向いたりしている写真をＯＨＰで提示しました。とても愛嬌よくカエルたちが並んでいます。すると「かわいいねー」と見方を変える子も現れました。ほほえましい限りでした。生きものに愛着がないと、人間にとってよりよい環境を考えることもできにくくなります。

わたしたちがよい科学の本について知ることが第一

そのほか、四・五・六年生がともに活動するクラブで異学年が一緒になるようなグループをつくり、それぞれが取り組みたいテーマを科学遊びの本の中から選び、活用したこともあります。『音のふしぎをきいてみよう』（松原静郎監修、フレーベル館、一九九九）、『ポリぶくろの実験』（立花愛子著、永井泰子絵、さ・え・ら書房、一九九七）、『〃のり〃の実験』（馬場勝良著、永井泰子絵、さ・え・ら書房、一九九六）が好評でした。授業で使った科学の本、あるいは、子どもたちにすすめてきた科学の本はほかにもたくさんあります。しかし、科学の本は説明文そのものなので、子どもたちにとっては物語文に比べて難解です。そこで、内容を解説できる大人の力が必要な場合が多いことを実感しています。したがって、わたしたち大人がよい科学の本についてくわしく知ることが第一です。最近では、図書館員によるブックトークでも、必ず科学の本が取り上げられています。よい傾向です。

科学の本は自然界と一体化していますので、本を読むことと実際に観察・実験することを互いに繰り返していくと、これが実に楽しいのです。一つのことをきっかけに、次々と知りたくなったり、やってみたくなったり、好奇心が強くなって、ほかの本も読んでみようということになります。

自然界に延々と続く食物連鎖による動植物の様相の変化。白血球の仲間には「菌を食べなさい」と命令するのもあれば「もう、止めなさい」と制止する役を担うものもあるという人体の精密さ。幼虫を育てたあと、じっと食べてもらうのを待つハサミムシの親。自分の卵を産んでもらいたいがためにほかのメスが産んだ卵塊を激しく壊してしまうタガメのメス。暗い崖の小さな穴の中で卵からオタマジャクシになり、えさも食べずにカエルになっていくタゴガエル。そして砂漠の真ん中でじっと一滴の水分を待つゴミムシダマシの存在など、地球上に棲む生きものについて、ほんのちょっと知るだけでワクワクしてきます。科学の本には、命の息吹がギュッとつまっているような気がします。

科学の本をきっかけに、真の知的好奇心を育て、自然界の命のつながりを知り、人間がどのように考えていくかを探求することこそ、いま必要とされるのではないでしょうか。子どもたちへ幅の広い読書をすすめることで、これからも科学の読み物への扉をひらき続ける努力を惜しみません。

11　文庫活動と科学絵本

福田晴代
ふくだ はるよ
山の木文庫、科学読物研究会

山の木文庫

山の木文庫は東京・世田谷のはずれにある小さな家庭文庫です(図1・2)。主宰者、富本京子が、子どもと子どもの本を結ぶという目的のために、地域の母親数人によびかけて、一九七三年に創設しました(図3・4)。当時はまだ図書館の数も少なく、子どもが一人で行ける距離に地域図書館はありませんでした。ちなみに、主宰者の義理の祖母、富本一枝は陶芸家、富本憲吉の妻で、かつて平塚らいてうの婦人運動(青鞜社)に参加した「新しい女」でした。山の木文庫という名前は、一枝が一九四八(昭和二三)年に設立した出版社「山の木書店」にちなんでつけられたものです。山の木書店は、九冊の児童書を出版し、一九五〇(昭和二五)年で終わっています。

「文庫」は日本で生まれた独自の活動です。一九五八年に石井桃子さんが東京荻窪に「かつら文庫」を開設したことがその端緒となり、一九六〇年代からそのような文庫が全国にできました。当時

図１　山の木文庫

図２　山の木文庫の室内

図３　創設当時の山の木文庫の建物

図４　山の木文庫創設当時から掲げている看板

の若い母親たちは、同時に活発になり始めた親子読書会の活動とともに、情熱的にそうした運動をすすめていきました。山の木文庫もその一つといえるでしょう。私はこの文庫の活動に関わって二〇年になります。

山の木文庫は自前の四五〇〇冊の蔵書と、世田谷区立図書館の団体貸出センターから借り受けた二〇〇〜三〇〇冊の本で運営しています(図2)。本の貸し出しとその間に行われる「おはなし会」が主な活動で、毎週金曜日の二〜五時半に開館しています。文庫を運営するのは文庫世話人とよばれる地域の母親たちで、私も世話人の一人です。三〜四人が文庫当番として順番に、文庫開館日の運営を担当します。

図５　幼児向けのおはなし会

図６　人形を使っての小学生向けのおはなし会

おはなし会と科学の本・科学あそび

子どもたちに、科学の本のおもしろさ、楽しさを伝えたいと思い、おはなし会を行っています。おはなし会は、子どもに本を手渡す手段の一つです。絵本を読み聞かせたり、語り（ストーリーテリング）の形で物語を紹介したりします。また、テーマを決めて数冊の本を紹介する「ブックトーク」という形式もあります。おはなし会は、子どもの年齢によって内容を考えるので、幼児向けと小学生向けに分けています（図５・６）。プログラムは事前に世話人が話し合って決めます。

おはなし会のテーマによっては、科学の本の読みきかせや、ときには科学あそびも加えてのブックトークをします。文庫に来るのは幼児や小学校低学年の子どもなので、「科学の本」といったときには科学絵本が大部分です。おはなし会は基本的に、子どもたちを対象に行うものですが、ときには大人がいっしょに参加することもあります。興味深いことに、科学の本の読みきかせやブックトークでは、大人（親や先生）も子どもといっしょに、あるいはそれ以上におもしろがって聞いてくれます。

優れた科学の本は、文章も詩のように心に響き、絵や写真と一体となってわかりやすく、魅力的です。そのため、大人にとってもよい入門書となり啓蒙書となります。

山の木文庫では、偶数週には外で「折り染め」をしています。折り染めは、和紙（障子紙）を正方形に切って、ジャバラに折りたたみ、いろいろな色の染料で自由に染めてつくります。広げると思いがけない模様ができて、子どもたちに人気があります。でき上がった折り染めの紙を使って、ブックカバーやしおりをつくったり、おはなし会で使うチョウチョ、トンボなどの小物をつくったりします。このほか季節に合わせ、「七夕」に短冊を書いたり、「クリスマス」に松ぼっくりで小さなツリーをつくったりもします。

こうしたさまざまな手づくりあそびは、科学あそびへと発展させることができます。たとえばマーブリングや墨流しは、水を張ったトレイに絵の具、または墨を数滴落とし、紙に模様を写し取るものですが、水の表面張力を利用しています。また、「スライム」「ドライアイスであそぼう」などの科学あそびも子どもたちと楽しみましたが、これも、それぞれ高分子の重合や、二酸化炭素の固体から気体への昇華現象を利用したものです。

出張おはなし会と科学の本

近年の少子化にともなって、文庫へ来る子どもの数は減っています。開館当初は一〇〇人を超える子どもたちが、狭い文庫に集まりました。しかし、少子化に加え、子どもたちが塾やおけいこごとなどで、忙しい日々を送るようになりました。来館者は、今では一〇〜二〇人程度という日も少なくありません。そのため、文庫で子どもたちを待っているだけではなく、子どものいる場へ積極的に出て行くことを考えました。現在、近隣の小学校三校のほか、保育園や幼稚園へ毎学期、児童館、図書館へも出かけて、定期的に「出張おはなし会」を行っています。また、読書週間などでも小学校へ呼ばれています。このような出張おはなし会では、お話のほか、ブックトークも行います。なかには和室のある小学校もあり、子どもたちは教室とは違う雰囲気のなかでお話を楽しみます。

このような機会もまた、科学の本に親しんでもらうチャンスです。積極的に科学の本を取り上げます。世田谷区には、地域図書館から学校図書館に、一カ月間の本の貸し出しをする制度があります。これを利用して、おはなし会終了後に子どもたちがおはなし会やブックトークで紹介した本をすぐ貸し出しをうけられるようにしておきます。事前にこのように準備するのは、子どもたちにあとでゆっくり本を手にとり、読んでほしいからです。そして小学校の卒業式では、一年生からの六年間に聞いたお話のプログラムをまとめた手づくりのリストを、一人ひとりにプレゼントします。子どもたちにとって、六年間に出会ったたくさんのお話や本は、学校生活の楽しい思い出になるでしょう。

さらに最近では、司書教諭や学校図書館司書の方たちの研修会などでも科学の本を紹介し、科学の本の楽しさを伝え共感されています。

子どもたちと楽しんだ科学の本

このような文庫活動を通じて子どもたちと読みきかせを通して楽しんだ科学の本のなかから、いくつかを紹介します。科学絵本の読みきかせは、基本的には一般の絵本と同じです。表紙をきちんと見せて、タイトルをはっきりと読み上げます。

たとえば『しょうたとなっとう』（星川ひろ子・星川治雄写真・文、ポプラ社、二〇〇三）では、まず、湯気のたつ、おいしそうなごはんになっとうがのっている表紙（図7）をじっくりとみせ、これからどんな話が始まるのかと、期待をこめた子どもたちの気持ちを受け止めて、ていねいにページをめくりながら読み進めます。子どもたちがイメージをつくれるように、ややゆっくりと、適当な間をおいて読むようにします。この本は「しょうたはなっとうがきらいでした」という面白い導入です。「おじいさんが大豆のたねをまくとやがて芽が出て、花が咲き、そして夏には枝豆がとれます」。ここでちょっとびっくりする子がいます。枝豆は大豆だということを知らない子どもは意外に多いのです。そして乾燥させた大豆をゆでてわらづとに包み、あたたかいところに置いて数日すると納豆のでき上がり！　きらいだったなっとうを、しょうたがなぜ好きになったのか、読み終わると子どもたちは、しょうたの気持ちになって考えます。ふだん、何気なく食べている食べ物（なっとう）のできるまでをていねいに説明して、そのうえ、おじいさんとの交流も温かな気持ちにさせてくれる科学絵本です。

大判の『実物大　恐竜図鑑』（デヴィッド・ベルゲン著、藤田千枝訳、真鍋真日本語版監修、小峰書店、二〇〇六）を手にすると、まず表紙に描かれたティラノサウルスの大あごに並んだ、たくさんの歯に子どもたちはくぎづけになります（図8）。さらにページをめくると、テリズィノサウルスのするどいかぎ爪、ディロフォサウルスの大きなとさかのついた頭などが、折りたたまれたページをひろげて四ページ分になった画面いっぱいに描かれていて、すごい迫力です。狭い文庫のなかで、本をひろげて読みきかせると、子どもたちは思わず近くに寄って来て歓声をあげます。ただ迫力があるだけでなく、恐竜時代の区分や進化、恐竜の絶滅についての説明などがきちんと書かれているので、科学の本として優れています。

『ハサミムシのおやこ』（皆越ようせい写真・文、ポプラ社、二〇〇八）の表紙では、体長二センチメートルほどの小さなコブハサミムシのお母さんが、黄色く輝く卵を守るようすを大写しにして紹介しています。やがて孵化して生まれたたくさんの子どもはお母さんに守られて少しずつ大きくなります。ところがその子どものハサミムシたちが、ある日、お母さんのまわりにまとわりついていたかと思うと、みんなでお母さんのからだを食べてしまうのです。ここまでじっと聞いていた子どもたちは、この場面で息をのんで固まってしまいます。この厳粛な事実に、生命のつながりを彼らなりに理解したと思いました。

図7 『しょうたと なっとう』

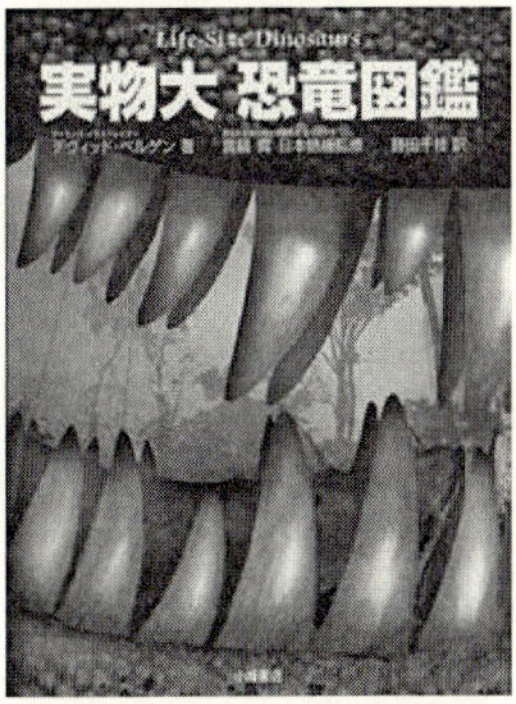

図8 『実物大 恐竜図鑑』

ほかにも『サンドイッチ　サンドイッチ』(小西英子さく、福音館書店、二〇〇八)、『ガンバレ‼　まけるな‼　ナメクジくん』(三輪一雄作・絵、偕成社、二〇〇四)、『へビのひみつ』(内山りゅう写真・文、ポプラ社、二〇〇九)、『あかちゃんてね』(星川ひろ子・星川治雄著、小学館、二〇〇五)、『ホネホネたんけんたい』(西澤真樹子監修・解説、大西成明しゃしん、松田素子ぶん、アリス館、二〇〇八)、『ゴーゴーはしごしゃ』(横浜市安全管理局監修、市瀬義雄写真撮影、津田かつみイラスト、ひさかたチャイルド、二〇〇七)も、読みきかせによい科学の本です。

センス・オブ・ワンダーを大切に

科学技術が今後もますます進歩するであろう現代においては、正しい科学的知識を身につけ、それを子どもに伝えることは重要です。そして、子どもだけでなく大人にもSense of wonder(レイチェル・カーソン)の心をもち続けてもらいたいと思います。小さな子どもたちが科学の世界へと近づく一歩は、四季の変化を感じとり身のまわりの自然へ興味をもつことだと思います。道ばたの小さな花や草、虫そして木の実などを見つめ、その現象の奥に隠れた原理をつきとめたいという好奇心をもち続けることです。それを支えるのは科学の本です。

科学の本がもっと身近になり、家庭や地域で手に取って読まれる機会が多くなることを願っています。もちろん、そのためには優れた科学読み物が多く出版されることが必要です。わたしたちはまた、それを普及する活動をさらにすすめなければならないと思います。

12　子どもの科学の本を集団で評価し書評をつくる

――教師と編集者たちの試み

田中久雄
たなか　ひさお
ファラデーの本棚、元理科教科書編集者

よい本を積極的に紹介していこう

「子どもの科学に関する本をみんなで集まって評価し、子どもたちに「読んでほしい本」、あるいは埋もれているかもしれない「よい本」を、世の中へ積極的に紹介していこう」というかけ声で、わたしたちのサークル「ファラデーの本棚」ははじまりました。一九九三年からの十数年間、サークルとして、子どもの科学に関する本を評価し続けてきました。メンバーは主に、中学・高校の理科教師や理科系の本の編集者です。いまではほぼ隔月のペースで例会を行っています。

一回、二回と例会を重ねるうちに、参加者によって「読んでほしい本」や「よい本」にかなり違いがあることがわかってきました。これは当然のことです。しかし、そもそも、よい本とはどのようなものなのでしょうか。そこで研究会としての「客観的な」評価はできないものかと考えはじめました。

その前に、子どもの科学に関する本といっても千差万別です。内容は、科学概念の解説、科学の方法の紹介、科学の歴史に関するもの、科学の未来を論じるもの、SF、科学の倫理に関するもの、科学と技術の関係を論じるもの、科学実験の紹介、科学の不思議に関するもの、科学的な事実の紹介、科学者の伝記、科学の事典、科学の図鑑、科学写真集、科学の学習に関するもの、科学の謎解きを扱ったものなど、いろいろあります。またその表現方法も、ふつうの解説本、問いかけ形式、書きこみ形式、作業を伴う形式、物語仕立て、絵本、図鑑、写真集など、実にさまざまです。このように多様な子どもの本を、どのように評価したら客観的になるでしょうか。

はじめ、わたしたちは対象を科学読み物に絞って評価しようと考えました。ただ、科学読み物というと、右の分類のうちいくつかに限定されてしまいます。実験の紹介や科学の図鑑は読み物とはいえないでしょう。また科学学習に供するものも少し違うような気がします。それでもまずは、科学読み物からはじめました。一番はじめに俎上に載せたのは、『よわいかみ つよいかたち』（かこさとし、童心社、一九六八、新版一九八九）でした。

本は情報の伝達手段の一つです。文字を連ねて文をつくり、文を集めて状態・状況やその変化、因果関係、一般性と特殊性などを伝えることが基本です。本を評価する場合に、まず本のもつ、この特性を前提に考える必要があります。次に考えるべきは、同じ情報の伝達手段ではあっても、通信と違い、ものの形で受け渡しされることです。ものの形態をとるため、どうしても消耗が著しくなるという難点があります。また、ものであるので、人間の感性に直接訴えかける要素がより大きいという点も見逃せません。評価のさいに忘れてはならないと考えます。

集団で本を評価する

従来、書評といえば、特定の個人がその本を読んで感想をまとめる形式が一般的でした。サークルで評価し合うといっても、はじめはメンバーそれぞれの印象を述べ合う域を出なかったように思います。サークルとしての書評もやはり、個人の主観が主であったのではないでしょうか。

わたしたちはサークルとして集団で客観的に評価し、集団としての書評を発表する方法を模索しました。みんなで客観的に行う科学読み物の評価、これが目標でした。そこで思いついたのが、評価の方法と観点を申し合わせた評価表をつくることです。うまくつくれば、それに基づいて話し合い、さらに突っ込んだ評価がまとめられるはずです。また多く集めれば、評価表の集計自体が一つの評価となるでしょう。

評価表の作成作業がはじまりました。まず、評価者がだれの立場から評価するかが問題です。もちろん、評価するのは評価者本人ですから、その判断ははずせませんが、読者の立場で判断することも可能なのではないか、つまり読者対象を規定して、読者の目になって評価しようと考えたのです。次に、造本などの問題です。本は繰り返し読むものです。丈夫であることはもちろんですが、見やすく、しかも適切な価格である必要があります。発行責任の明示等も欠いてはなりません。

本には必ず伝えたいメッセージがあり、それが何かということは重要です。アリの生態を伝えたい、宇宙の歴史と未来を伝えたい、ファラデーの人となりを伝えたい、科学の未来に警鐘を鳴らしたい、……、ねらいは無限にあるでしょう。これがつかめなければ、共通にならなければ、議論ははじまりません。ねらいがはっきりしたら、読者対象に対してそれが、適切かどうかが次の問題です。

ねらいは適切であるとしましょう。今度はそのねらいがうまく実現されているかどうかが問われることになります。ねらいを実現するためには、読者対象に対してどのような題材が適切か、どのような構成にすればよいか、どのような表現方法をとればよいか、などなど、このあたりは本をつくるときの技術的な問題です。しかし重要な問題です。

本である以上、文章表現が大切です。また、適切な図表が入っていることも大事です。絵本の場合は絵画表現が非常に大きな部分を占め、評価には別の要素が必要でしょう。総じて、読者の感性にマッチすることは不可欠な条件です。このように、本をまず分析的に見た上で、最後に総評をまとめることになります。

総評は総合です。よいところは積極的に支持しますが、足りない部分に対する要望も取り上げることになります。紆余曲折を経て、評価表は以上のような考えでまとまりました（一六八～一六九ページ）。

集団で書評をつくる

サークルとしての書評は、評価表に基づく議論をまとめた結果と表現すればよいでしょう。書評執筆者本人の感想は最後に載せることになっています。一七〇ページ以降に『野ネズミの森』（今泉吉晴、フレーベル館、一九九六)の例を載せます。

サークルも回を重ね、多くの本を読み進めるうちに、対象を科学読み物に限定することが得策でないと気がつきました。子どもの科学の本の世界は無限に広がっているのです。限定をはずしたとき、この評価表方式がうまく機能するかどうか、かなり心配しましたが、案ずるより産むが易しでした。実際に試した結果、若干の手直しは必要でしたが、現在、おおむねどのようなジャンルの本でもこの方式で評価可能と考えています。

しかし、まだまだ改良の余地があるでしょう。読者のみなさんが、この評価表をベースに改良を加え、自分たちに合った評価表として活用してくださることを期待しています。

2. ファラデーの本棚　評価表　　　　　　　　　　　　　　　　　　　　　　　　　（　　年　　月　　日）

書名：　　　　　　　　　　　　　　　　　　　　　対象：　　　　　　　　　評価者名：

		○△×	理由（具体例）
A 造本	1.大きさや形・デザインは適当か		
	2.丈夫につくられているか		
	3.綴じ方は適切か		
	4.文字の大きさ・書体は適当か		
	5.分量は適当か		
	6.著者・発行者・発行年月日など書誌はすべて記載されているか		
	7.価格は適当か		
B ねらい	1.ねらい（著者が伝えたいこと）は何か	／	
	2.ねらいは適切か		
C 題材・ 構成	1.題材（ねらいを実現させるために選択した材料）は何か(多岐にわたる場合は総括的に)	／	
	2.題材は適切か		
	3.題材に含まれる事項・概念・法則等の選択は適切か（過不足を判断する）		
	4.題材に含まれる内容が適切に区分されているか（項目の立て方は適切か）		
	5.内容が順序よく配列されているか		
	6.構成にストーリー性やめりはりはあるか		
	7.ねらいや題材及び構成をふまえてタイトルは適切か		
D 文章表現	1.見出しの表現は適切か		
	2.表記は正確か		
	3.用語の選び方は適切か		
	4.表現はわかりやすいか		
	5.論理が明確で飛躍はないか		
	6.漢字・仮名の使い分けは適切か		
E 図と表	1.図・表の分量は適当か		
	2.図・表と文章の関連は適切か		
	3.図表現は正確か		
	4.図・表の表現はわかりやすいか		
	5.図は親しみやすく表現されているか		
	6.図は魅力的か		
F 総評	1.結論としてねらいがうまく実現されているか		
	2.読後におもしろかったという印象が残ったか		
	3.読後に気がついたことや感想		

2

ファラデーの本棚　評価表

1．基本データ
書　　名：
著作者名：
出版社名：
価　　格：
ページ数：
刊 行 年：　　　　　年
判　　型：
重　　さ：
H（ハードカヴァー）/P（ペーパーバックス）：
縦書き／横書き：
対象者（著者・出版社の意図）：
開いたままになるか（○／×）
あらすじ

次ページの評価表記入にあたっての注意！
(1) この評価表は，まず読者対象を規定し，その**対象者に対する内容**を評価するものです．
(2) ２度読みを前提にしています．
　・１度目は項目 B, C を記入するために，全体を把握することを主目的に読みます．
　・２度目は項目 D, E を記入するために，細部に注意を払って読みますが，B や C の項目を再確認しながら読みます．
(3) 造本の項目 A は，本の内容に入る前に，体裁・表現方法などから感覚的・経験的に判断できるものを記入します．しかし，出版側で読者対象を明示していないものについては判断がつかない項目もあります．その場合は１度目の読みで読者対象を判断し，２度目の読みで各項目を記入します．
(4) ねらいの項目 B は非常に大切だと思います．「ある人間が考えたことを他に伝える手段のひとつ」が本であるとすれば，考えたことがよくわからなかったり，感じられなかったりする本は，評価するにあたらないと考えます．
(5) 題材・構成の項目 C は，ねらいを実現させるために話の材料が適切で魅力に富み，その語り口に無理がなく，飽きさせないようになっているかをみようとしたものです．評価する人によってかなり違いが出ることが予想されますので，判断した理由をできるだけ詳しく記入します．
(6) 項目 D と E は本の完成度の問題です．項目 B や C が生きるも死ぬもここにあります．項目ごとに具体例が挙がるとよいと思います．
(7) 項目 A から E をふまえて F を書くことになります．完成度の高さは当然問題にすべきですが，柱はあくまでも「ねらい」の斬新さと「切り口」の魅力にあることを念頭においてほしいと思います．

以下の事項に注意しながら読み進めると良いと思います。
・ねらいは斬新か
・ねらいは日常的にみられることがらか
・ねらいは［科学的基礎事項か／応用・技術的内容か］
・背景も表現されているか
・研究者の人となりはみえるか
・［事象／概念］　どちらを理解させたいのか
・繰り返し読める内容か
・［発見的か／授与的か］
・［帰納的か／演繹的か］
・著者の動機はみえるか
・ストーリー性はあるか
・表現は現代的か
・全体の構成について（初めに）触れているか

1

2．科学読み物評価表（97.2）

'97年 3月 7日

書名：野ねずみの森　フレーベル館　対象者：小学中学年　評価者名：A

		○△×	理由（具体例）
A 造本	1. 大きさや形・デザインは適当か	○	迫力のある写真をそろえているので、大きめの版型が効果的
	2. 丈夫につくられているか	○	
	3. 綴じ方は適切か	○	
	4. 対象者に対して文字の大きさ・書体は適当か	○	
	5. 対象者に対して分量は適当か	○	
	6. 著者、発行者、発行年月日など必要な記載事項に漏れはないか	○	
	7. 価格は適当か	○	私なら買い与えるが、少し高めかな。ギリギリの線。
B ねらい	1. ねらい（著者が伝えたいこと）は何か		野生動物とのコミュニケーションのすすめ フィールドへ出てみよう。積極的自然観察のすすめ
	2. 対象者に対してねらいは適切か	○	最近の子供にとって雑木林は遠い存在になりつつある。 そこで、子供の方から林に行ってみたくなる気持ちにさせる意義は大きい。
C 題材・構成	1. 題材（ねらいを実現させるために選択した材料）は何か（多岐にわたる場合は総括的に）		野ねずみの生態観察
	2. 対象者に対して題材は適切か	○	ハムスター等で慣れている子もいるだろう
	3. 対象者に対して題材に含まれる事象・概念・法則等の選択に過不足はないか	○	
	4. 題材に含まれる内容が適切に区分されているか（項目の立て方は適切か）	○	
	5. 内容が順序よく配列されているか	○	
	6. 以上の構成にストーリー性やめりはりはあるか	○	
	7. ねらいや題材及び構成をふまえて書名は適切か	○	「新聞」とタイトルにあったことが、最初はわからなかったが、気にすることはない
D 文章表現（すべて対象者に対して）	1. 見出しの表現は適切か	○	
	2. 表記は正確か	○	
	3. 用語の選び方は適切か	○	
	4. 表現はわかりやすいか	○	
	5. 論理が明確で飛躍はないか。	○	
	6. 漢字・仮名の使い分けは適切か	○	
E 図表現（すべて対象者に対して）	1. 図の分量は適当か	○	
	2. 図と文章の関連は適切か	○	
	3. 図表現は正確か	○	
	4. 図表現がわかりやすいか	○	
	5. 図は親しみやすく表現されているか	○	ねずみのかわいい仕草の写真などがよい。
	6. 図は魅力的か	○	写真に迫力がある。
F 総評	1. 結論としてねらいがうまく実現されているか	○	出会いの箱のくだりや ねずみにドングリをさし出し
	2. 読後におもしろかったという印象が残ったか	○	ている子供の写真が実に魅力的で、ねらいの
	3. 読後に気がついたこと、感想など		実現に大きく寄与している。

- 2 -

2．科学読み物評価表（97.2）

9年 2月 7日

書名：野ねずみの森　対象者：小学3～4年　評価者名：B

		○△×	理由（具体例）
A 造本	1. 大きさや形・デザインは適当か	○	
	2. 丈夫につくられているか	○	
	3. 綴じ方は適切か	○	
	4. 対象者に対して文字の大きさ・書体は適当か	○	
	5. 対象者に対して分量は適当か	○	読みごたえあり、こんなのがあっても良い。
	6. 著者、発行者、発行年月日など必要な記載事項に漏れはないか	○	
	7. 価格は適当か	○	いつもの通り。一般には高く感じるかも
B ねらい	1. ねらい（著者が伝えたいこと）は何か		身のまわりの自然に目を向け、興味をもって観察してほしい、という願い & その具体的手法
	2. 対象者に対してねらいは適切か	○	
C 題材・構成	1. 題材（ねらいを実現させるために選択した材料）は何か（多岐にわたる場合は総括的に）		野ネズミ（アカネズミ、ヒメネズミ）の生態
	2. 対象者に対して題材は適切か	○	都会の場合、どの程度の自然があれば観察できるのか、やや不安
	3. 対象者に対して題材に含まれる事象・概念・法則等の選択に過不足はないか		
	4. 題材に含まれる内容が適切に区分されているか（項目の立て方は適切か）	○	
	5. 内容が順序よく配列されているか	○	途中にネットワークが挿入されているが、大人には面白いが、こどもは本文と区別して読めるか？
	6. 以上の構成にストーリー性やめりはりはあるか	○	ストーリー性はバッチリ
	7. ねらいや題材及び構成をふまえて書名は適切か	○	
D 文章表現（すべて対象者に対して）	1. 見出しの表現は適切か	○	
	2. 表記は正確か	○	
	3. 用語の選び方は適切か	○	
	4. 表現はわかりやすいか	○	
	5. 論理が明確で飛躍はないか。	○	
	6. 漢字・仮名の使い分けは適切か	○	
E 図表現（すべて対象者に対して）	1. 図の分量は適当か	○	写真が多くて楽しい。
	2. 図と文章の関連は適切か	○	
	3. 図表現は正確か	○	
	4. 図表現がわかりやすいか	○	
	5. 図は親しみやすく表現されているか	○	ほとんど写真。⇒大きくて迫力あり！
	6. 図は魅力的か	○	イラストごく少数
F 総評	1. 結論としてねらいがうまく実現されているか	○	
	2. 読後におもしろかったという印象が残ったか	○	文章が多く、長いわりには ぐいぐい ひっぱっていく力がある。
	3. 読後に気がついたこと、感想など		野ネズミの面白さは十二分に伝わるが、それゆえに それがいない環境の場合、他の生物でも観察する気が おこるかどうか、少々心配

- 2 -

2．科学読み物評価表（97.2）　　　　97年　3月　7日

書名：森の新聞⑩野ネズミの森　　対象者：小学校中学年　　評価者名：C

		○△×	理由（具体例）
A 造本	1. 大きさや形・デザインは適当か	△	文字が多い印象がある
	2. 丈夫につくられているか	○	
	3. 綴じ方は適切か	○	
	4. 対象者に対して文字の大きさ・書体は適当か	○	
	5. 対象者に対して分量は適当か	○	
	6. 著者、発行者、発行年月日など必要な記載事項に漏れはないか	○	
	7. 価格は適当か	△	
B ねらい	1. ねらい（著者が伝えたいこと）は何か	／	動物観察の楽しさ
	2. 対象者に対してねらいは適切か	○	
C 題材・構成	1. 題材（ねらいを実現させるために選択した材料）は何か（多岐にわたる場合は総括的に）	／	アカネズミとヒメネズミの観察
	2. 対象者に対して題材は適切か	○	可愛らしい小動物の観察をすることは子どもが喜びそう
	3. 対象者に対して題材に含まれる事象・概念・法則等の選択に過不足はないか	○	
	4. 題材に含まれる内容が適切に区分されているか（項目の立て方は適切か）	△	細切れで、前後のつながりがわかりにくい。「新聞」を意識したためか、「ホームページ」のありさまが中途半端
	5. 内容が順序よく配列されているか	×	囲み記事「ネットワーク」がとうとつに見開きページで出てくるのでびっくりする。もう一工夫必要では？
	6. 以上の構成にストーリー性やめりはりはあるか	×	小屋のなかに給餌台をつくり その場所が[illegible]アカネズミの観察をするところがクライマックスのはずなのに、そうはなっていない
	7. ねらいや題材及び構成をふまえて書名は適切か	×	これでは内容がわからない。「野ネズミに会おう！」とか、「野ネズミを観察しよう」とか、もう一工夫必要
D 文章表現（すべて対象者に対して）	1. 見出しの表現は適切か	×	内容を的確に表現していない。魅力にも欠ける。
	2. 表記は正確か	○	
	3. 用語の選び方は適切か	○	
	4. 表現はわかりやすいか	×	臨場感を出そうとしている部分がかえってわかりにくくしている ex.p.13
	5. 論理が明確で飛躍はないか。	△	
	6. 漢字・仮名の使い分けは適切か	○	ふりがなのあるのがよい
E 図表現（すべて対象者に対して）	1. 図の分量は適当か	○	以下 図・写真
	2. 図と文章の関連は適切か	△	文中には p.39・47にある"であいの箱"という表現はない。
	3. 図表現は正確か		
	4. 図表現がわかりやすいか	×	写真はそれぞれ何を表現しようとしているのかわかりにくい。
	5. 図は親しみやすく表現されているか	△	
	6. 図は魅力的か	×	トリミングが悪いのか、折角の貴重な写真にあまり魅力が感じられない。
F 総評	1. 結論としてねらいがうまく実現されているか	△	ねらい・題材もよいのに、料理の仕方がよくなかったため、ねらいがうまく実現されず、残念。
	2. 読後におもしろかったという印象が残ったか	×	子どもが「自分もであいの箱をつくって観察してみよう」と思うだろうか。本来ならそうなるところだろうが。
	3. 読後に気がついたこと、感想など	／	伝えたいこと（ねらい）が先にあったのではなく、今泉先生に何かかいてほしい、という企画だったのだろう。

－2－

2．科学読み物評価表（97.2）　　　　1997年　3月　7日

書名：野ネズミの森　　対象者：小学校低学年　　評価者名：D

		○△×	理由（具体例）
A 造本	1. 大きさや形・デザインは適当か	○	
	2. 丈夫につくられているか	○	
	3. 綴じ方は適切か	○	
	4. 対象者に対して文字の大きさ・書体は適当か	○	
	5. 対象者に対して分量は適当か	×	少し多いのでは。
	6. 著者、発行者、発行年月日など必要な記載事項に漏れはないか	○	
	7. 価格は適当か	○	
B ねらい	1. ねらい（著者が伝えたいこと）は何か	／	森で小さな動物たちに出会うことはとても楽しいことであり、小さなくふうでそれができるということを伝える。
	2. 対象者に対してねらいは適切か	○	
C 題材・構成	1. 題材（ねらいを実現させるために選択した材料）は何か（多岐にわたる場合は総括的に）	／	野ネズミたちとの出会いや実験してわかったこと。
	2. 対象者に対して題材は適切か	○	
	3. 対象者に対して題材に含まれる事象・概念・法則等の選択に過不足はないか	△	
	4. 題材に含まれる内容が適切に区分されているか（項目の立て方は適切か）	×	（4〜6）いろいろなことが散在している印象でとくにつながりを感じられない。よく読むと一応のつながりはあり、また、読者対象を考えると、こういうものでもよいのかもしれませんが。
	5. 内容が順序よく配列されているか	×	
	6. 以上の構成にストーリー性やめりはりはあるか	×	
	7. ねらいや題材及び構成をふまえて書名は適切か	×	もう少し網羅的内容を想像してしまいました。
D 文章表現（すべて対象者に対して）	1. 見出しの表現は適切か	○	
	2. 表記は正確か	○	
	3. 用語の選び方は適切か	△	ときどきむずかしい単語あり。
	4. 表現はわかりやすいか	○	
	5. 論理が明確で飛躍はないか。	○	
	6. 漢字・仮名の使い分けは適切か	○	
E 写真 図表現（すべて対象者に対して）（すべて写真について）	1. 図の分量は適当か	○	
	2. 図と文章の関連は適切か	×	対応する文と写真が別頁になっているところがある。
	3. 図表現は正確か	△	
	4. 図表現がわかりやすいか	○	
	5. 図は親しみやすく表現されているか	○	
	6. 図は魅力的か	○	
F 総評	1. 結論としてねらいがうまく実現されているか	×	ほんとに、ここに挙げられたことで「楽しい」のでしょうか？（文章内容）写真はかわいくて、できれば自分でも会ってみたいと思います。
	2. 読後におもしろかったという印象が残ったか	×	ネズミたちが明るくても平気というところは驚きだったしおもしろかった。
	3. 読後に気がついたこと、感想など	／	

－2－

科学読み物推薦書（評価集計表）

1．基本データ

書名；　森の新聞①野ネズミの森
著作者名；文；今泉吉晴
写真；今泉吉晴・香原知志・中川雄三・西村豊・宮崎学
イラスト；五十嵐正克・磯野宏夫・いわむらかずお・薮内正幸
出版社名；　フレーベル館
価格；　本体価格¥1456.－
ページ数；　56
刊行年；　1996.5.
判型；　B5
重さ；　380g
ハードorソフト；ハード
縦or横書き；　縦
対象者（著者・出版社の意図）；記載無し（小学生）
開いたままになるか；なる

2．評価表集計

		評価 ○△×
A 造本	1. 大きさや形・デザインは適当か	○○○○△
	2. 丈夫につくられているか	○○○○○
	3. 綴じ方は適切か	○○○○○
	4. 対象者に対して文字の大きさ・書体は適切か	○○○○○
	5. 対象者に対して分量は適当か	○○○○×
	6. 著者、発行者、発行年月日など必要な記載事項に漏れはないか	○○○○○
	7. 価格は適当か	○○○○△
B ねらい	1. ねらい（著者が伝えたいこと）は何か	
	2. 対象者に対してねらいは適切か	○○○○○
C 題材・構成	1. 題材（ねらいを実現させるために選択した材料）は何か（多岐にわたる場合は総括的に）	
	2. 対象者に対して題材は適切か	○○○○○
	3. 対象者に対して題材に含まれる事象・概念・法則等の選択に過不足はないか	○○△
	4. 題材に含まれる内容が適切に区分されているか（項目の立て方は適切か）	○○△×
	5. 内容が順序よく配列されているか	○○○××
	6. 以上の構成にストーリー性やめりはりはあるか	○○○××
	7. ねらいや題材及び構成をふまえて書名は適切か	○○○××
D 文章表現（すべて対象者に対して）	1. 見出しの表現は適切か	○○○○×
	2. 表記は正確か	○○○○○
	3. 用語の選び方は適切か	○○○○△
	4. 表現はわかりやすいか	○○○○×
	5. 論理が明確で飛躍はないか	○○○△
	6. 漢字・仮名の使い分けは適切か	○○○○○
E 図表現（すべて対象者に対して）	1. 図の分量は適当か	○○○○△
	2. 図と文章の関連は適切か	○○△△×
	3. 図表現は正確か	○○○△△
	4. 図表現がわかりやすいか	○○○△×
	5. 図は親しみやすく表現されているか	○○○△
	6. 図は魅力的か	○○○×
F 総評	1. 結論としてねらいがうまく実現されているか	○○○△×
	2. 読後におもしろかったという印象が残ったか	○○××
	3. 読後に気がついたこと、感想など	

今泉吉晴『森の新聞① 野ネズミの森』フレーベル館・書評

実教出版(株) 平沢健

評価表をもとにした評価

小学校中学年以上を対象に、野ネズミの生態観察を題材として、野生動物とのふれあい、観察の楽しさを伝えることを目的とした絵本である。分量が子どもにはやや多めに感じる人もいるかもしれないという点、また、定価が一五〇〇円と少し高めに感じる価格設定である点、この二点は、子どもに買い与える場合ネックになるかもしれない。

野ネズミという題材はかわいらしいという点で子ども受けしそうだが、都会では実際に、どの程度の自然が残っていれば観察できるのかが不明で、その点で不満が残る。個人的には、この本にはフィールドにでてみようというメッセージも含まれているので、この本を読んだことをきっかけに、森をさがして積極的に外にでる子どもがでてくることだろうと期待している。

内容の区分・項目のたて方・内容の配列の仕方・書名の立て方は、適切とする意見と、不適切という意見に割れている。適切という意見も積極的なものではないため、編集の段階でもう少し検討すれば完成度の高いものになったであろう。文章表現は一部を除いておおむねよいようだ。ただ、見出しの表現が的確でないという意見がある。

写真が多く掲載されている分、図は少ない。写真は迫力のあるよいものが多いという意見と魅力的ではないという意見に割れる。写真と本文との関連性において適切さを欠く配置がある。

総合すると、この本の評価は、よい・悪いがはっきりと人によって分かれる本といえる。「よい」とする人の場合は、写真のよさ・著者の人となりがよくでている点を評価している。「悪い」とする人の場合は、著者の研究内容に魅力を感じないという点や、ねらいや題材がよくてもその表現が未熟、つまり編集上の問題によってねらいが伝わりにくいという点をあげて評価している。

書店でこの本を手にとってご覧になったとき、あなたは上記のどちらの評価を支持するであろうか。自分の意見を確かめるためだけでも面白いので、一度手にとってぱらぱらと見てみることをおすすめする。

個人的感想による書評

湖のほとりか、山のなかでキャンプをしたとき、もし野ネズミがちょこちょこっとでてきて、こちらをうかがっていたとします。あなたならどうしますか。「ネズミ！　汚いっ！　食料をかじられるっ！」とあわてて追い立てますか。そのままじっとしてネズミがこれから何をするのか見守っていますか。

この本は、動物学者の研究者がご自分の研究内容をもとに、小学生にもわかりやすく野生動物との出会い方、動物を観察して疑問を解明する楽しさ、動物とコミュニケーションする楽しみの一端を紹介した絵本です。この子には文章がちょっと難しいかな、と思っても大丈夫。全部読めなくても、写真だけ眺めていても十分楽しさは伝わります。

ほぼ毎ページにある写真では、どんぐりをくわえてうれしそうな顔、穴から顔を出してまわりをうかがう顔、飛び回って得意げな顔、クルミを食べておいしい顔、子供からどんぐりをそぉーっともらう顔、いきいきとしたネズミがいろいろな表情を見せています。きっと、野ネズミにこれだけの表情があることに驚くでしょう。著者が野ネズミに抱いている気持ちが、ファインダーを通じて伝わってきそうな写真ばかりです。

書かれている内容は、著者本人が面白いと思ってやっていることなわけですから、面白くないわけがありません。かわいいネズミの生態に疑問をもって、それを解明していくための実験・観察を読みすすめるうちに、科学的手法・考え方の一端に触れることができます。単なるマニュアルと違い、著者自身が感じている、野生動物とのふれあいの楽しみが文章にも表れていて、次へ次へと読みすすめさせる力となっています。小学校中学年の子どもに読ませてあげたい一冊だと思います。
この本を読んだ子どもは、きっと野ネズミに会ってみたくなって、一度は森を訪れるでしょう。もし近くに森がなくても、いつか森のなかで腰を下ろすことがあったとき、野ネズミを無粋に追い払うようなまねはしないことでしょう。

〜・〜・〜・〜・〜・〜・〜・〜・〜・〜・〜・〜・〜・〜・〜・〜・〜・〜・〜

丸善(株)　佐久間弘子

本書は、野ネズミの生態やすみかの森のようすを網羅的に書いた本ではありません。どうしたら野ネズミと出会えるか、その具体的な方法が書かれています。本書を読むと、ほんのちょっとした工夫だけで彼らと出会えることがわかります。さらに本書は、野ネズミと出会ってその行動を観察することがいかに楽しいかということを、たくさんの愛らしくまた迫力のある写真をまじえて語ろうとしています。小学校中学年くらいに向けて書かれているようです。
本書についての評価は、本サークルの中で大きく割れました。読者を最後まで引っ張ってゆく力があり、野ネズミのおもしろさ、かわいらしさが十二分に伝わって、野ネズミや身近な自然へ目を向けるきっかけになるだろうという、非常に肯定的な意見がありました。一方で否定的な評価として、話題が細切れでつながりが感じられず、写真と本文との対応も不適切なものが多く見られ、子どもが楽しく読んでなおかつ「自分も観察してみよう」と思うかどうか疑問だという意見がありました。また、途中に挿入されている囲み記事「ネットワーク」については、挿入位置が唐突で本文の流れを切っているうえ、子どもは本文との区切りをつけにくいのではないかとの意見が大勢を占めました。

以下は私見であることをお断りして書かせていただきます。

本書は、野ネズミのかわいらしい写真をふんだんに使っています。子どもの意識を動物に引きつけるのに写真の役割は大きく、本書でも野ネズミへの興味を抱かせるには写真だけでも十分かもしれません。しかし、本書は写真集ではありません。見た目のかわいらしさだけでなく野ネズミの行動のおもしろさと、それを観察することの楽しさに子どもたちの興味を引きつけ、それを疑問や好奇心へつなげていくことが本書では企図されています。しかし、この企図に対してせっかくの題材がうまく活かされていません。約半ページから一ページごとに区切られている解説それぞれは、おもしろい話題を含んでいるものが多く、次の展開を期待させます。ところが実際に続く次の解説は一見まったく別の内容になっていて、著者が考えているであろう話の流れや各話題の関連は、よくよく読まないと伝わってきません。例えばほんの一文を各話の冒頭か最後に補えば、つながりや実験結果のもつ意味を明らかに伝えることができ、その先への動機もはっきりして読みやすくなると思われるところも多々あります。そういった工夫をし、もう少し読者が不思議に思うところを次々に発見的に展開してゆくような構成をとれば本書の魅力は倍増したと考えます。

また、写真のよさやレイアウトを優先させたと思われるところが随所に見られますが、解説と対応する適切な写真を、ぜひその文の近くにおいてほしいと強く感じました。そうすることで、解説内容の理解やそのことへの興味がずっと増すはずです。

以上のような点から本書は、たいへん残念な本と考えます。とくに街では野生の動物と出会える機会はますます減っています。本書のような意図の本が適切な形で多数出版され、子どもたちの興味と好奇心を自然に引きつけ続けてくれることを望んでいます。

おわりに

わたしはいま、ガリレオ工房のメンバーと一緒になって、科学ボランティアを現在の数万人規模から一〇〇万人にする運動を立ち上げています。もし、科学ボランティアが人口の一パーセントを超えると、それが時代を動かしていくと思うからです。科学者と市民が一緒になって、科学に関する問題を考えていく社会をつくりたいと思ってのことです。科学ボランティアが育つためにも、科学の本を読む文化を育てていかなければならないと考えています。また、こういう運動で新しい科学ボランティアが育っていくことを期待しています。

社会をつくりあげる、変えるということが、自分とは関係ないと思われていた時代から、だれもが意識的にかかわる時代に変わりつつあります。その時代を一歩進めることが、急激な人口減の日本には大切なことです。できるだけ多くの方と、歴史を変える小さな一歩を共有できればと思っています。

科学読み物シンポジウムを通じて知りあった方がたからは、大きな励ましをいただいたような気がしています。この本で紹介されたとおり、子どもに対する科学の本の貸し出しや読み聞かせ、科学あそびなどの運動を続ける文庫活動は、全国的に広まっただけではなく、行政とタイアップするなどによって地域に根づいています。中学・高校の理科の先生は、夏休みに科学の本を読むことを課題にしたり、授業内容と関連ある本を紹介したりしています。教科の先生と連携して、学校図書館の司書が科学の本もすすめる工夫をしています。地域の図書館、公民館などで、科学の本を紹介するいろいろな取組みが、全国各地で行われています。これらの一つひとつが理科読運動です。

また、第一回科学読み物シンポジウムをきっかけに、「朝日新聞」では三回の連載で、科学読み物の紹介記事が掲載されました。「毎日新聞」の科学面では「科学の心くすぐる絶好の夏休み」として、広い紙面でたくさんの本が紹介されました。マスコミも、心強い協力者であることを感じました。

この本で紹介された活動例は参考になったでしょうか。読まれた方にはさらにアイデアを加えて、それぞれの理科読運動をすすめていただければ幸いです。また、さらに社会全体から、理科読運動に共感され、支援を得られることを期待しています。

二〇一〇年一月

滝川洋二

■岩波オンデマンドブックス■

理科読をはじめよう
――子どものふしぎ心を育てる 12 のカギ

2010 年 3 月 19 日 第 1 刷発行
2016 年 4 月 15 日 第 5 刷発行
2019 年 11 月 8 日 オンデマンド版発行

編 者 滝川洋二（たきかわようじ）

発行者 岡 本 厚

発行所 株式会社 岩波書店
〒 101-8002 東京都千代田区一ツ橋 2-5-5
電話案内 03-5210-4000
https://www.iwanami.co.jp/

印刷／製本・法令印刷

ISBN 978-4-00-730948-9 Printed in Japan